有機農業という最高の仕事

食べものも、家も、地域も、
つくります

関塚 学

有機農業選書 8

コモンズ

有機農業という最高の仕事●もくじ

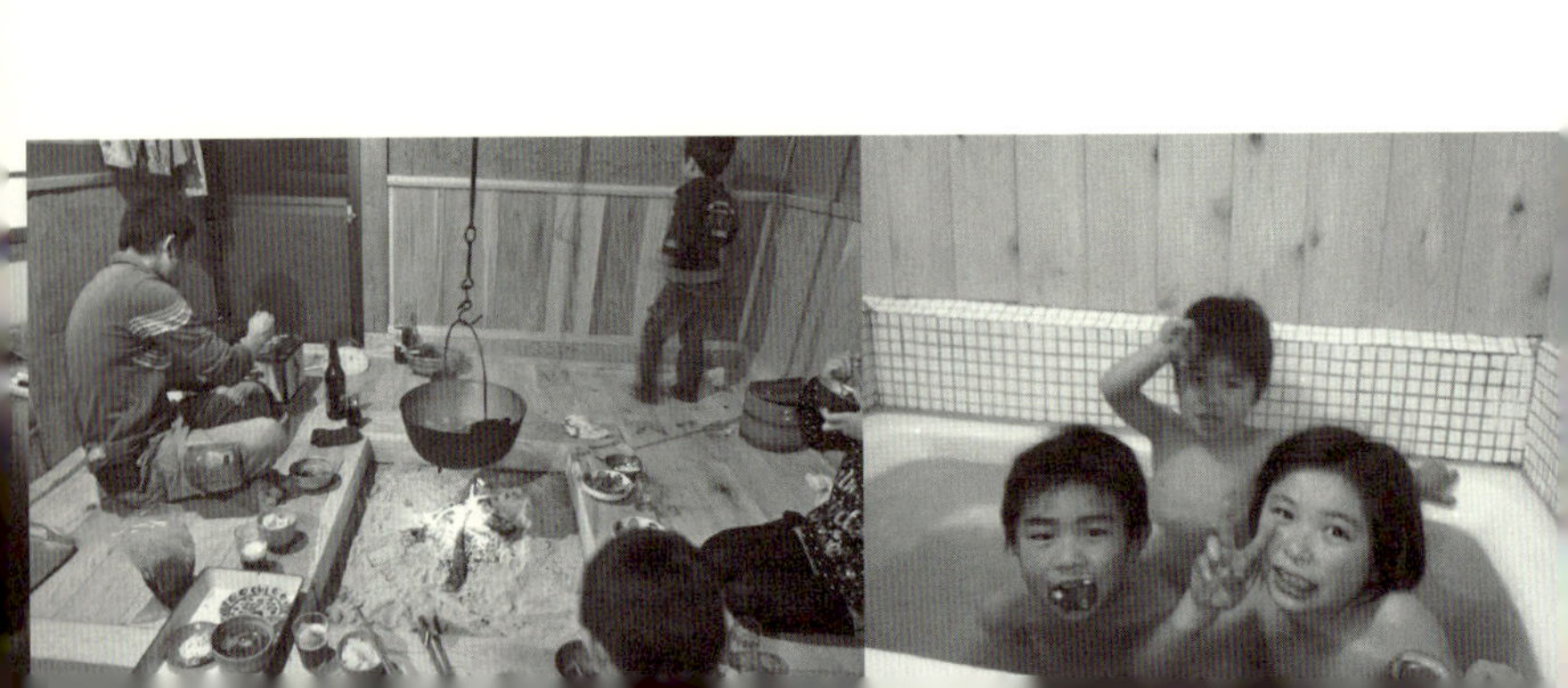

あきやま
あきやま

プロローグ 生き方・哲学としての有機農業

お米の苗づくり。水苗代を夫婦で均平にならしていく

有機農業に出会って、人生が大きく変わった。

自分のやりたいことが分からず、人生を模索している人は、かなり多いのではないだろうか。私自身、学生時代に自分のやりたいことが分からず、悶々（もんもん）としていた。

ところが、海外で暮らしてみたいという憧れだけで行ったオーストラリアで、偶然にも有機農業に出会う。

その5年後の２００２年には新規就農し、有機農家になった。野菜と米、平飼い自然卵の三本柱の家族経営で、主に消費者へ直接販売している。２０１５年からは、有機農家を目指す研修生の受け入れも始めた。

有機農業の仕事の面白さと有機的な暮らしの魅力を感じながら生きる日々は、本当に楽しい。栽培方法、販売スタイル、品種選びに自家採種と、実に奥深い世界だ。自分たちの播いた種が発芽するのを見届けるのは、17年経ったいまも嬉しい。

また、自ら栽培した農産物でありとあらゆる農産加工に取り組むのも楽しいし、何より美味だ。加工できる品目は幅広い。現代はいくらでも情報が手に入るから、何でもつくれてしまう。次に何をつくろうか考えただけで、ワクワクする。

２００９年からは定年退職した父と二人三脚で4年間かけて、土壁の家をハーフビルドした。ハーフビルドとは、半分くらい自分たちで家を建てることを意味する。

我が家をハーフビルドで建てるなんて、自分にはとてもできないと以前は思っていたが、幸い実現した。しかも、日本の伝統的な竹小舞(たけこまい)の土壁の家。自然素材の家は、木と土と草で建てる。建具も自ら製作し、テーブルから給排水設備や電気工事まで、できるところは自分たちで行った。その家には、ありとあらゆる自然エネルギーを導入したいと考え、薪ストーブ、囲炉裏(いろり)、五右衛門風呂(ごえもんぶろ)などを設置した。火のある暮らしは心地よくて、止められない。

有機農家になってからは、健康についても人一倍気をつけてきたつもりだ。腹八分、朝食抜き、腰痛予防の操体など、自分なりの日々の工夫を紹介する。多くの方に健康になってほしいからだ。健康になることは、それほど難しくはない。ちょっとした工夫が大きな結果を生み出す。でも、自分なりの工夫はなぜかテレビや新聞では大きく取り上げられることが少ないようだ。ビジネスを生みにくい健康法だからかもしれない。

ところで、私たちが就農した栃木県佐野市秋山町は、過疎化と高齢化が進む典型的な中山間地域である。イノシシ・シカ・サル・ハクビシンの獣害がひどく、下秋山地区で地域ぐるみの獣害対策を行ってきた。それを含めて、農家としてのちょっとした工夫もお伝えしたい。

２０１５年からは栃木県の補助事業がきっかけで、地元の人たちと一緒に「あきやま有機農村未来塾」を立ち上げ、地域おこしを始めた。酒米で地酒を造る地酒部会、ヤマブドウを栽培してヤマブドウワインをつくるヤマブドウワイン部会、茶摘みイベントを行う手もみ茶部会のほか、お試し住宅などの事業がある。団塊の世代(60代後半)と私たちのような40代が一緒になって、取り組んでいる。秋山町がもっともっと魅力ある地域へなっていくことを願いながらの活動だ。

私は有機農家になったが、職業として有機農家を選択したわけではない。もちろん有機農業だから、農薬や化学肥料、遺伝子組み換え技術を用いない。ただし、自分にとっての有機農業は単なる農業の技術ではない。本書で伝えたいメッセージを一言で記せば、こうなる。

「有機農業的な価値観で生きることは、とてつもなく素晴らしい」

つまり、有機農業という仕事だけではなく、暮らしや生き方の土台となっている考え方が、そもそも有機農業的な価値観に基づいているのだ。いってみれば、私にとっての有機農業は生き方であるし、哲学である。

近代的な価値観が邪魔なものを排除し、敵視するものだとしたら、有機農業的な価値観は動植物、光や風、土といった自然を受容するものである。「受容する」という言葉を「味方にする」と置き換えてもいいだろう。キーワードは循環、自給、共生だ。

本書で語られている内容は、世間で語られている常識と正反対のこともあるかもしれない。それは近代的な価値観と有機農業的な価値観は違うからだ。

たとえば、私たちの家づくりの根幹は「幸福を生む住まい」という考え方である。自然を遮断せず、光や風、土の恩恵を取り入れる建て方だ。それは、まさに有機農業的な価値観と通底している。一方よくある家づくりでは、高断熱・高気密にして、光や風を遮断してしまう。私たちの家づくりは、この考え方と真逆の考え方に基づいている。

さまざまなアンテナを張っていると、有機的な暮らしを形づくる仕組みがたくさんあることに気付く。家づくり、自然エネルギー、健康……。これらの仕組みを利用して、豊かな、そして幸せな暮らしを実現できる時代が来た。私は、いま本当にそう思う。しかも現在は、IT革命によって欲しい情報や道具がたやすく手に入る。

有機農業という言葉をつくり、栽培方法を模索し、理念を掲げて活動してきた先達のおかげで、有機農業で生計を立てることは以前に比べれば難しくなくなった（いまでも、それなりに難しいとは思うが）。そして私は、生計を立てるだけでなく、有機農業とともに有機的な暮らしを実践してきた。これからも、同様に実践していくつもりだ。この情熱という火はどうやら、消えそうにない。

以下の記述では、新規就農や田舎暮らしをする際のポイント、情報収集のコツなど、私自身が経験したことをできるだけ盛り込んだ。有機農業に興味のある人、有機農家になりたい人、有機農業的な世界をのぞいてみたい人に、読んでいただきたい。また、20年前のような自分、たとえば生き方を模索しているあなたにも、お勧めだ。

本書を通じて、有機農業的な価値観で生きる人びとが増えていけば望外の幸せである。新たなる価値観に基づいて生きていくには勇気が必要だ。あなたの勇気の一歩のために、次の言葉を捧げたい。

「意思あるところに、道は開ける」

収穫した米を天日乾燥する稲掛けの前で、にっこり

第1章
有機農業は面白い

我が家の旬の野菜セット

1 有機農業との出会い

自分のやりたいことが分からなかった学生時代

暑い夏。どんなに暑くても、汗を垂らしながらスーツ姿でさ迷うように歩き回った就職活動。自分がこれからどんな仕事をしていくべきか、どんな人生を歩むべきか。悩み、そして苦しんだ。私が大学4年生の1994年だった。

その2年後、自分のやりたいことが見つかる。有機農業だ。生まれ変わっても、また有機農家になりたいと思うほど、有機農家の仕事と暮らしは素晴らしい。

どのようにして私が有機農業に出会ったのか、そのきっかけをまず紹介したい。

埼玉県北埼玉郡川里(かわさと)村(現鴻巣(こうのす)市)で、私は1973年に生まれた。「村」と呼ばれるにふさわしい田園地帯。山はなく平らで、田んぼが一面に広がっていた。両親は二人とも地方公務員。私が小学校2年生までは、お米を栽培する兼業農家でもあった。平日は公務員の仕事、休日は田んぼ仕事というのは、あまりに大変だったようだ。その後、田んぼは近所の人に貸し、祖母が家族で食べる野菜を畑で栽培していた。いわゆる家庭菜園だ。ときおり、ジャガイモ掘りなどの農作業を祖母に頼まれて手伝った。

中学時代はサッカー、高校時代はハードロック（音楽）に夢中。聴くだけでは飽き足らず、ロックバンドを組んでドラムを演奏した。大学生になってからは、バンドとバイトに明け暮れた。何かに夢中になっていることが多かったが、どこにでもいる普通の学生だ。

同級生が就職活動をするころになって、これからの人生についてほとんど考えていない自分に気付く。正確に言うと、考えていなかったというより、自分のやりたいこと、目指すべき職業が分からなかった。

もっとも、自分のやりたいことを見つけられる人なんて、ほんのひと握りかもしれない。やりたいことを絶対に見つけたいと考えていたわけでもなかった。そんな自分には結局、サラリーマンしか選択肢がなかったのだ。

サラリーマンは満員電車や残業など暗いイメージで、スーツも好きにはなれなかった。サラリーマンにはなりたくないけれど、仕方なく就職活動していたような感じだ。このころ、人生でどん底の時期を過ごしていた気がする。

こんな最悪のモチベーションだったが、採用してくれる企業（リネンサプライ業）があった。ところが、仕事が面白くなくて、一年で辞めてしまう。

ワーキング・ホリデーでオーストラリアへ

仕事を辞めた私は、ワーキング・ホリデー・ビザを利用してオーストラリアへ旅立った。そして、1997年3月から98年2月まで滞在する。24歳だった。

ワーキング・ホリデーは18歳〜30歳の青年が特定の国(現在は21カ国)で1年間をめどに滞在でき、労働も認められている。この制度は雑誌で知ったように記憶している。

学生時代は海外旅行が好きで、タイやアメリカ、イギリスなどへ行った。その経験から海外での暮らしに憧れていたし、英語を話せるようにもなりたかった。だから、滞在先は英語圏。オーストラリアかカナダかで迷ったけれど、おおらかなイメージがあるオーストラリアに決めた。行ってみれば何かを見つけられるかもしれない、とも考えていた。自分のやりたいことや進むべき道を見つけたかったのだ。

初めの3カ月はメルボルンの英語学校へ。1年ぶりの学生生活は新鮮で、日本や韓国、台湾、タイなどから来た同世代が多く、交流がとにかく楽しかった。勉強した英語がすぐに役立つことも楽しい。日本での学生時代より真面目に勉強した。卒業後はWWOOFというファームステイの制度を利用して、オーストラリア国内の有機農家を転々とした。

WWOOFの正式名称はWorld-Wide Opportunities on Organic Farms。イギリスで始まったシステムで、いまでは世界各国に広がっている。有機農家で農作業などのお手伝いをする代わりに、食事や宿泊場所を提供していただく。ホストとの間に、お金のやりとりはない。

家族の一員として生活し、オーストラリアの田舎を堪能できる。このころ農業に関心があったわけではないが、文化や生きた英語を学ぶにはうってつけだった。メルボルン、アデレード、パースなど都市近郊の有機農家でお世話になった。それぞれ２〜４週間ほど滞在し、あわせて３〜４カ月に及ぶファームステイだ。仕事は、草取りや収穫など。ひたすら穴を掘らされたこともあったが、さまざまな体験ができ、人生初の薪割りも経験した。

当時はインターネットがそれほど普及していなかったので、農場への連絡は主に電話。メールが一般的な現在では考えられないだろうが、電話でＷＷＯＯＦホストに次々と連絡していく。つたない英語を使っての電話でのコミュニケーションには、勇気が必要だった。

ある農家には暖炉が備え付けられていて、裸の火を見ながらの団欒(だんらん)は実に暖かく、心地よい。また、星がものすごくきれいで、星空に感動して幾度となく夜空を見上げた。隣の家が見えない田舎もあり、日本との違いに驚かされもした。同時に、この体験をとおして、田舎ならではのさわやかな風と美しい景色のもとで働く喜びを知り、「農業って、いいかもしれない」と考えるようになる。

それまでの私に、職業としての農業は選択肢になかった。頭の片隅にもなく、農家になるという想像すらしたことがなかったくらいだ。高校生のころから環境問題には関心があり、環境になるべく負荷をかけないで生きていけたらいいのに、と考えていた。いつか枯渇する石油資源、伐採が進む森林資源など、このままでは地球が滅んでしまうのではないかという危機感からだ。とはいえ、環境に負荷をかけないで生きていくことは現実離れしていると思い、諦めかけていた。

このオーストラリアのWWOOFを通じて、私は有機農業の存在を知る。WWOOFのホストはすべて有機農家だった。有機農業は農薬と化学肥料を必要としない。もしかしたら、有機農業なら環境にあまり負荷をかけずに生きていけるかもしれない。自分の頭の中で、有機農業と環境問題が結ばれた瞬間だった。

有機農家になりたい

ファームステイ中は時間的に余裕があったので、日本について改めて学んだ。文化や習慣の違いを肌で知り、日本を客観的に知りたくなったからである。有機農家でのファームステイだったので、農業についても調べてみた。

日本の食料自給率は40％程度で、先進諸国と呼ばれる国のなかで著しく低い。先進諸国は食料やエネルギーの自給ができていたから工業技術や経済が発展したはずなのに、なぜだろうか。もっとよく調べてみると、１９６０年には約80％だったのに、急速に食料輸入大国になっていた。また、日本は農業に向かない国だと思っていたが、実はそうではないらしい。農業に向いているのだ。たとえば以下の点で優れている。

①温帯に位置し、暑すぎず、寒すぎずの気候で、いろいろな農産物の生産に適している。

②年間降水量が多く、世界平均の２倍。

③肥沃な大地。

とはいうものの、日本農業の現状は悲惨そのものだ。高齢化や後継者不足に悩み、耕作放棄地は全耕地面積の約１割を占める。

訳が分からなくなってくる。日本は農業に適する地域にもかかわらず、農業が衰退しているのだ。実際、農業を志す友人・知人は一人もいなかったし、自分も全く考えていなかった。だが、人間が生きていくうえで欠かせない食べものを生産する農家こそ、有意義な職業なのではないか。農業に適した地域であるのに、農業がないがしろにされている日本で、大切な食べものを生産する農家になりたい。自分がやるしかない。農業が好きか嫌いかよりも、義務感のような正義感のような、そんな気持ちで農業に向かい合った。

「有機農家になりたい」

遥かなる大地オーストラリアで、こんな出会いがあるとは思ってもみなかった。オーストラリアに行って、人生が変わったのだ。

有機農家になるための準備

夢と希望を抱き、日本へ帰国した。帰国後も、有機農家になりたい気持ちはぐらつかない。今度は農業で食べていけるかが、最大の関心事となった。農業経営が成り立つかどうか心配でならない。

まず、有機農業についての本や雑誌を読んだり、テレビを見たりして、情報収集をした。アンテナを張っていると、想像以上に情報が多いことに気付く。ところが、肝心の農業で暮らしていけるかどうかについては、チンプンカンプンだった。

そこで、短期間の研修を受け入れてくれる有機農家を探した。体験すれば、少しは分かるかもしれないと考えたのだ。本を頼りに何件か有機農家へ電話し、数件から断られたのち、1998年4月に1カ月の短期研修を快く引き受けてくれたのが、茨城県八郷(やさと)町(現石岡市)の「たまごの会」(現暮らしの実験室やさと農場)である。たまごの会では、農場長夫妻と数人の研修生で農場を運営していた。少量多品目の野菜、平飼い養鶏、養豚などが経営の柱だ。

当時は完全に夜型の堕落した生活をしていたため、肉体労働がしんどかったことを覚えている。有機農業を仕事としてやっていけるかどうかの自信は持てなかったが、農場長の宇治田一俊さんの一言が私の「もやもや」をふっ飛ばした。

「毎日カップラーメンだっていいじゃないか。どんなに貧乏になったって、カップラーメンくらいは食えるだろう」

その一言で気持ちはずいぶん楽になった。頑張れば何とかなるのではないか、と考えられるようになったのだ。一緒に仕事をした研修生たちにも、さまざまなアドバイスをいただき、有機農業で生きていくためには資金とパートナーが必要だということが分かった。

たしかに資金がなければ、軽トラックやトラクターなどの農業機械やコンテナなどの農業資材を購入できない。独立後数年は黒字が難しいので、当面の生活費も用意しなければならない。また、一人で農業を始めると、野菜の生産から販売や営業、経理などの仕事、さらに食事や洗濯などの家事までやることが多すぎて、失敗するケースが多いという。一緒に農業を実践するパートナー探しも重要な課題だ。

そこで、すぐに新規就農するのではなく、準備期間を設けることにした。もう一度サラリーマンになって、農業を開始するための資金を貯めることにしたのだ。少しでも農業と関連がある仕事のほうがよいと考えて、７月に生協の配達の仕事に就いた。貯金の目標額は３００万円。これだけあれば、なんとかなりそうだ。同時に、目標額を貯める間にパートナーを絶対に見つけようと心に誓った。

ちなみに、両親は有機農家になることに大反対だった。農業経営が成り立つわけがないという理由である。もっとも、反対するだろうと考えていたので、気にもとめなかった。

2年半で300万円貯めて本格的研修へ

順調に資金は貯まり、2年半で目標の300万円を確保できたものの、パートナーが見つからない。有機農業の見学会や入門講座などには必ず出席し、必死に探したが、結局見つけられなかった。気持ちだけが先走っていたと思う。

農業を始めるならなるべく早いほうがいい、というアドバイスもいただいていた。農業は体力勝負の一面もあるからだ。30歳になる前に独立したいと考えていた。パートナーが見つかっていないのに、研修に入ってよいか悩んだ。けれども、早く始めたいという気持ちが抑えられない。28歳で1年間の有機農業研修に入ることにした。

ちなみに、家庭菜園で野菜をつくる程度であれば研修は必ずしも必要ないだろう。しかし、農業で生計を立てるのであれば、研修を受けたほうが近道だ。野菜の栽培自体はそれほど難しくないが、プロとして効率的に生産するには研修をお勧めしたい。経営も軌道に乗りやすいだろう。

お米や野菜の栽培から家畜の世話、加えて農産物の販売も勉強しなければならない。研修先の情報はいろいろ集めていたが、住み込みで長期の有機農業研修を受け入れてくれるところはそれほど多くなかった。結局、短期研修でお世話になった「たまごの会」で再び研修することにする。

名前は「たまごの会」だが、養鶏だけではなく、野菜づくりも養豚も、自家用だが米づくりも研修できた。この1年間は早朝から夕方まで一所懸命に働いた。早いときは午前5時から作業。何しろ、覚えなければならない農作業が多い。種播き、苗づくり、肥料撒き、収穫、出荷作業……。養鶏では、餌づくり、餌やり、卵拾い、ヒナを育てるポイントなど。もちろん養豚も勉強になった。

大学は法学部だったので、農業のことはほとんど何も知らなかった。野菜の旬さえも知らないほどの知らない尽くし。それでも、休憩などの空き時間になるべく勉強して、なんとかついていった。

そして、6カ月ほど経ったころ、幸運なことに婚約した。実は、研修に入る少し前に有機農業仲間との飲み会で、素敵な女性に出会っていたのだ。その女性が妻となる知子だった。彼女はもともと有機農業をやりたくて、福岡県や茨城県で研修を終えていた。私が出会ったのは、ひとりでは農業を始められないためアルバイトをしているときである。

有機農業といっても、さまざまだ。大規模か小規模か、自給重視か利益追求かなど、何を大切にするかで大きく違う。私と彼女は志す有機農業の方向性や価値観が似ていたので、すぐさま意気投合し、研修中に結婚を決めた。

2 念願の新規就農

ポイントは空き家探し

中山間地域の新規就農者にとっては、空き家を見つけられるかどうかがポイントである。田んぼや畑などの農地ではない。ただし、予算に余裕があり、家の新築が選択肢になっている場合は、事情は異なる。

では、なぜ、空き家がポイントなのか。仮に空き家があったとしても、信用がない他人にはなかなか貸してくれない。家主の立場を考えれば、それもよく分かる。どんな人が入居するか分からないからだ。新興宗教の信者かもしれないし、オレオレ詐欺を企んでいる人かもしれない。仮に自分が家主だったとしても、慎重にならざるを得ないだろう。

何らかの縁で空き家さえ借りられれば、その周辺で農地を探せばよい。耕作放棄地は全農地の約1割だが、中山間地域の多くではもっと比率が高い。したがって、農地は空き家よりも簡単に借りられるはずだ。一方、農地を先に借りて、その周辺で空き家を探すのは至難の業だ。

仮に空き家があったとしても、借りられるかどうか分からない。借りられたとしても、風呂や便所などの水回りを修理しなければ住めないかもしれない。

「気合い」の空き家探し

では、私たちはどのように就農地探しをしたのか。私も知子も自然豊かな中山間地域に就農し、田舎暮らしをしたかった。私は長男だったので後ろめたさを感じつつ、実家を離れることを決める。そして、雰囲気の良い中山間地域で空き家と農地を借りようとした。家と農地を購入するには資金が足りないからだ。

まず地図を見て、良さそうな場所をいくつか候補地に挙げた。信じられないかもしれないが、地図を頼りにしたのだ。候補地のポイントは、私の実家である埼玉県から近く、南斜面の景観の良さそうな場所。南斜面ならば、日当たりがよく、農業に向いているだろうと思ったからだ。また、なぜか実家の北に位置する中山間地域に惹かれた。

こうして、ふたりで毎週のように北関東へドライブした。休日は必ず空き家と農地探しだ。2～3カ月は続いたと記憶している。知り合いや親戚が中山間地域にいたわけではないので、「気合い」で探した。絶対に探したい、いや探すという感じだ。当時の気合いがあれば、なんでもできそうな気がする。

あるとき、地図を頼りに栃木県葛生町（現佐野市）に行った。雰囲気が気に入り、世間話をしていた地元住民らしき人たちに、「農業やりたいので、空き家はないですか？」と何度も聞いて回った。そのうち、町の農業委員さんがその噂を聞きつけたようだ。彼の話によると、息子さんが茨城県の農村地域に移住し、地元の人たちに大変お世話になって、農業で成功しているそうだ。「だから、農業をやりたいという人がもし自分のところに来たら、応援しようとずっと思っていた」と言う。なんという幸運だろう。

この出会いのおかげで、私たちは葛生町秋山地区で空き家をすんなりと借りられた。築90年くらいの古民家で、約25坪。土間もあり、台所や風呂など水回りの修復も必要なく、すぐに住める。しかも、家賃は２万円だった。相当な好条件である。

その農業委員さんが農地も世話してくださった。もっとも、多くは耕作放棄地だ。日当たりや水はけが悪い、車が入りにくいなど条件の悪いところから耕作放棄地になっていくらしい。私たちはそんなことは気にせず、借りられることに感謝して、約80ａ（８０００㎡）を借りる。ありがたいことに無料だった。

念願の新規就農

こうして、私たちは２００２年２月に念願の有機農業を始めた。

現在の日本では、単作の農業経営が推奨されている。たとえば、稲作なら稲のみ、トマトならトマトのみを栽培する。効率を最優先するからのようだ。大規模に栽培でき、機械を使うのにも都合がいい。

私たちはどのような農業経営とするか悩んだ末、有畜複合経営を選択した。露地野菜を年間約60種類作付けし、鶏を平飼いで飼うことにしたのだ。平飼い養鶏とは、ケージを積み上げて飼う一般的なケージ飼いに対して、「平ら」に「飼う」という意味。鶏を小屋の中で地面に放して飼う養鶏法を指す。では、なぜ有畜複合経営を選んだのか。

露地野菜の多品目栽培は、多くの有機農業の新規就農者が実践していたので、安心感があった。野菜セットにして消費者に直接販売する新規就農者が多い。私たちもこの方法を取り入れた。また、露地栽培であれば機械がそれほど必要ではないので、初期投資が少なくてすむ。これに対して稲作では大規模栽培が当たり前で、多くの機械が必要なので、初期投資が多くなる。そして、野菜栽培と養鶏を組み合わせれば、天候不順や技術的な問題で野菜栽培が安定しなくても、リスク分散できると考えた。さらに、自家製の貴重な鶏糞肥料が利用できるメリットも大きい。

最初の作付けはジャガイモだった。種芋を切り分けて、畑に植え付ける。夫婦2人で切り分けているだけで、幸せな気分になったことを今でも覚えている。研修時代は言われたことをこなしていた感じだったが、自分たちの責任と意志で実践する喜びがある。４年もの準備期間を経て有機農業を始められた喜びを、このときかみしめた。

借りた家の敷地には小さな納屋しかなかったから、納屋を建設しなければならなかった。トラクターや管理機など農機具の保管や野菜の出荷作業のために、農家には納屋が欠かせない。

親戚の大工さんにお願いして、鴻巣市から通いで納屋と鶏小屋をつくってもらうことにした。車で片道1時間半かかったので、大変だったと思う。私たちもなるべく、トタン張りや釘打ちなどを手伝った。これから農業を行っていくうえで、建築技術が必要となる機会があるにちがいないので、覚えたほうがいいと思ったからでもある。

夏になるとトマトやナス、キュウリなどの夏野菜が収穫でき、野菜セットの販売が始められた。とはいえ、顧客がすぐに見つかるわけではない。友人や知り合いに電話して、なかば強引に購入してもらった。初めは約20軒で、宅配便と自らの配達がほぼ半々だった。

地域にどう溶け込むか

新規就農の場合、有機農業の技術をみがいたり収穫した農産物の販売先を確保したりする以上に力を入れなければならないことがある。それは、新しく住む地域にどう溶け込むかだ。農業は地域に密着していなければ成り立たない。農地を借りたり、田んぼの水管理を話し合ったりするのに、地域住民と関係が良好でなければ、うまくいかない。孤立した状態では、農業は難しい。

先祖から何十年、何百年と長く住んでき人たちが暮らす地域に、ヨソモノが入るわけだから、その地域に入れさせていただくという謙虚な姿勢が必要だ。私たちは「郷に入れば郷に従え」を肝に命じた。地域に溶け込む際に、知子の研修先のひとつである魚住農園（茨城県石岡市八郷）の魚住道郎さんの言葉が忘れられない。

「トマトやピーマンは何回もつくれるが、人間関係は失敗するとなかなか修復できない」

農業を始めたばかりで、どうしても農業を優先に考えがちになるが、この言葉を何度も思い出した。この言葉がなかったら、地域に溶け込むことをもっと後回しにしてしまったかもしれない。この言葉を教えてくれた魚住さんには、本当に感謝している。

就農した地域にどのようにしたら溶け込むことができるのかについて、私たちは一所懸命に考えて、実践してきたつもりだ。

まずは、挨拶。なるべく笑顔で、大きな声で、遠くにいてもこちらから挨拶するように心がけた。挨拶は人間関係の入り口だと思う。きちんとした挨拶ができれば、地元の人から信頼を得られるきっかけをつかむことが容易になる。

つぎに、自治会（町内会）に積極的に入った。自治会に入ることで、地域住民のひとりとして受け入れられたという証が得られる。

さらに、自治会の班長や神社、農協、消防団などさまざまな役の話がまわってきたら、なるべく断らないように心がけた。大変だと思うこともある。それでも、なるべく嫌な顔をせず、快く引き受けるように努力した。その結果、現在では数多くの役を引き受けている。とくに農業関係の役が多い。たとえば、農区長、農政協力員、集落推進員などだ。役を引き受ければもちろん大変だが、地域に貢献できるという充実感が味わえると割り切ればいいのではないだろうか。

また、農業の盛んな地域の場合は、病気や害虫が有機農業生産者のせいだと煙たがられることもある。だが、秋山地区では、有機農業をやりたいと言っても、とやかく言われなかった。林業が盛んな地域で、専業農家が皆無だったからだと理解している。

いずれにせよ、私たちの努力が功を奏して、地域の人たちは私たちを歓迎しているようだった。少なくとも、私たちにはそう見えた。

田舎暮らしは最高

実際に住んでみて、秋山地区の環境の良さに驚いた。近くを流れる秋山川の水はきれいで、美味しい。田んぼの用水まで飲めそうなほど透き通っている。ありとあらゆるところの水が透

自宅からの風景。田んぼが広がり、山が見える

明なのだ。生まれ育った鴻巣市では、濁った水しか見た記憶がない。空気も澄んでいて、たまに出かけた都会から帰ると、その美味しさに驚く。空気が美味しいという言葉を実感する。

人間が生きていくうえで絶対に必要な水や空気の質の高さは、何にも代えがたいくらい、ありがたい。これだけでも、田舎暮らしの良さを実感できる。

また、すぐそばに山が迫っていて、山を見ているだけでほっとする。心が安らぐ。とても静かで、昆虫や小鳥の声以外はあまり聞こえない。実にのどか。星もきれいだ。天の川がどこだかすぐに分かるほど、帯状に無数の星が見える。６月には、我が家の田んぼにホタルが飛ぶ。夏には歩いてすぐそばの川で子どもたちと遊べるし、バーベキューも最高に楽しい。

環境だけでなく、いい人ばかりで、優しい人が多い。新参者にもかかわらず、笑顔で接し、来る者は拒まずといった感じで受け入れてくれる。本当にありがたい。

一方、田舎に住んで困ったことはあまりない。3キロの距離に診療所があるし、野菜の配達のついでに買い物できる。最近は、ネット通販の普及で買い物の不便さは全くない。

困ったことがあるとすれば、教育だ。子どもが小中学生まではスクールバスがあり、問題ないのだが、高校生になると多くの親が最寄りの駅まで送迎している。私たちの場合は、自宅から駅まで往復40分かかる。送迎はかなりの負担になるだろう。

中山間地域ならではの野生鳥獣問題もある。イノシシ、シカ、ハクビシンが多いし、まれに毒蛇のマムシも見かける。野生のサルも珍しくない（獣害問題については第6章参照）。

3 楽しい有機農家の日々

有機農家になって大変だったこと

楽しさとやりがいは大きいが、大変なことも多かった。

第一に、これは始める前から分かっていたことだが、最初の2年間は赤字。就農してから野菜セットが組めるまでは数カ月かかる。鶏にしても、生まれたばかりのヒヨコ（初生雛）を導入してから、卵を産むまでに半年間は要する。一方で、経費ばかりかかった。管理機、刈り払い機、播種機、スコップ、鎌、鍬、一輪車、タネ、鶏のヒナや餌、鶏小屋、納屋、ネット……。細かいものから建物まで、挙げていけばきりがない。貯金が減っていく一方だった。そのなかで助かったのは、トラクターをいただいたことと、軽トラックを妻が持っていたことだ。

第二に、鶏のヒナが一晩で全滅した。ヒナは100羽ずつ導入する。ところが、鶏小屋にネズミが入り込み、一晩で全滅したのだ。朝起きて鶏小屋へ行くと、昨日まで元気に走り回っていたヒヨコたちが一匹もいない！……？　いるはずのヒヨコたちがいないことを理解するまでに、時間がかかった。ネズミがヒヨコを食べることもあるというのは、数日後に知った。このときの精神的ショックは筆舌に尽くしがたい。

第三に、稲作の失敗による収入減が痛かった。水稲栽培に関しては失敗を繰り返してきた。関塚農場は、新規就農者としては比較的大面積に稲を作付けしている。現在は1・1haだ。野菜を栽培する畑よりも水田面積のほうが多い。つまり、お米の収穫量が収入を左右する。失敗の原因は、勉強不足と経験不足だ。いもち病でほとんど収穫できなかった年もある。ベターと倒れてしまい、収穫が大変で、反収（10aあたりの収穫量）が平年（6俵）の3割減だった年もある。

　第四に、とにかく忙しい。栽培だけでなく、直接消費者に販売するので、販売を常に頭に入れていなくてはならない。卵に余剰分があれば、ブログやフェイスブックで宣伝し、メールや電話で営業をかける。日中は農作業、夜はブログや伝票を書いたり、営業面を考えたりして、起きている間はほとんど仕事みたいな状態だ。夕食後も何らかの仕事をしている日が多い。だから、「ゆったりとした田舎暮らし」とはほど遠い。晴れた日は耕し、雨が降ると読書という「晴耕雨読」も、残念ながら私たちには関係のない言葉だ。

　忙しいけれど、週休1日は貫いている。「貫いている」と表現するのは、田畑のことを考えると休んでいられなくなるし、同じように就農した仲間は定期的な休みなしで働いている場合が少なくないからだ。それでも、本当に忙しいときは休みが取れず、せめて休み気分だけでもほしいと、ビールを飲みながら屋根の下でトレーに雑穀の種播き作業をした経験も過去にはある。笑っちゃうような本当の話だ。


生まれ変わってももう一度有機農家になりたいくらい有機農家は楽しい

　とはいえ、やりがいや充実感、そして楽しさのほうが苦労より何倍も多い。「生まれ変わったとしたら何になりたいか」と聞かれたら、迷わず「もう一度有機農家になりたい」と答える。

日本の農業は高齢化や後継者不足が著しい。農業が憧れの職業にはなっていない。1980年代と比べれば、農業に関心のある人たちが増えてきたが、全体から見ればまだまだ一部だ。しかし、自分が実際に有機農家になってみて、有機農業は楽しいと断言できる。多くの人たちに、有機農業を勧めたい。何がそんなに素晴らしいのか？　なぜ、楽しいと思うのか？

第一に、毎日の食卓にのぼる食べものを自分たちが栽培している。野菜は年間60種類栽培しているので、ありとあらゆる野菜が食卓に登場する。しかも旬の野菜ばかり。もちろん、お米も100％自給。味噌や一味唐辛子まで自家製だ。たとえば、ある冬の夕食を紹介しよう。鍋の具材はほとんど自分たちが育てたもの。野菜はジャガイモ、人参、大根、カブ、小松菜、京菜などなど。鶏肉も我が家の鶏だ。これこそ最高のぜいたくと言ってよい。ちなみに、私たちがふだん購入する食材は、肉や魚、お菓子類、塩や酢、みりんなどの調味料だけだ。

第二に、自分たちが栽培した農産物を利用したさまざまな農産加工。たとえば、味噌、醤油、漬物、納豆……。しかも、市販品を食べられなくなるくらい美味しい。多品目を栽培する農家ならではの醍醐味だ（農産加工の詳細は第2章参照）。

第三に、自然の中で汗をかきながら働くことができる。早朝から田んぼや畑に出ると、小鳥のさえずりが聞こえてきて、清々（すがすが）しい気分になる。夏は毎日、農作業で汗をかく。体を動かす仕事で汗をかくのは当たり前だが、現代社会では汗をかかない仕事が多い。デスクワークはその典型だ。汗をかきたくて、我が家の農業体験イベントに参加する人もいるほどである。農業では日々それを実践できる。

第四に、多品目栽培だから、毎日が違う仕事で楽しい。3日と同じ仕事が続かない。一口に農作業といっても、種播き、収穫、肥料撒き、草取り、片付け、トラクターでの耕耘など、実にさまざまだ。農作業以外に配達や農業機械整備もあり、飽きることがない。

第五に、海外からファームステイが訪れる。有機農家になると決めたとき、大好きだった海外旅行は諦めた。忙しいし、鶏の世話もあるし、金銭的余裕もないと思ったからだ。代わりに、ファームステイのホストに登録した。自分が海外に行けない分、海外の人に来てもらうことにしたのだ。オーストラリアで利用したWWOOFのホストになっているから、各国から関塚農場にやって来る。イギリス、ドイツ、フランス、チェコなどのヨーロッパ、台湾やタイなどの東南アジア、カナダ、アメリカ、メキシコなどのアメリカ大陸……。本当に多くの国に及ぶ。

農家だからこそ、受け入れが容易だ。家で仕事をしているから、平日も土・日も関係なく受け入れられる。しかも、一緒に働くことができる。農作業は一緒に作業しやすい単純作業も多い。こうした交流で、他国のことや考え方の違いなどを学べるし、日本の文化や習慣を客観視できる。

最後に、農業は一つひとつの作業が奥深く、それを勉強して次に活かせることが楽しくて仕方がない。有機農業では多くのことをこなしていかなければならない。栽培や加工に加えて、機械整備、販売に向けた広報、経理作業と多岐にわたる。

人参やキャベツの栽培でも、人によって違う。十人十色とはこのことだ。勉強すればするほど面白くなる。たとえば、夏に播種する人参は発芽が難しい。タネを水に3時間以上浸して給水させてから洗濯機で軽く脱水して播種する、播種した上を管理機で上手に鎮圧するなど、いろいろな工夫がある。そして、勉強したことがすぐに役立つというのは最高に楽しい。学生時代は何の役に立つのか分からずに勉強していたので、面白さが分からないことが多かった。この違いは大きい。

野菜づくりの工夫

農薬や化学肥料を使った農業が世界でも日本でも一般的だ。日本で有機農業の占める割合は、面積ベースで０・５％。一方、ヨーロッパでは５％を超える国も多い。フランスは５・５％、ドイツは７・５％だ(いずれも２０１６年度)。日本はそれらの10分の１以下と、本当にマイナーな世界だ。では、関塚農場でどのように栽培しているのか、その工夫などを紹介したい。

①土づくり

有機農業の基本中の基本といわれる。良い土ができれば、良い作物ができる。堆肥や肥料を田畑に投入し、数年かけて土をつくっていく。すると微生物がたくさん棲む土となり、良質で美味しい作物が育つ。病害虫にも強くなる。関塚農場では肥料に自家製の鶏糞を用いている。投入量は10ａあたり７００kgだ。自家製のモミ殻と鶏糞を混ぜてつくったモミ殻堆肥を投入することもある。

土づくりがよくできていないと、きちんと育たない野菜もある。白菜やキャベツ、ナスなどがその代表だ。就農して2年目までは土づくりができていなかったため、これらはよくできなかった。

②病害虫対策

肥料を入れすぎないことが大切だ。肥料をドカドカ投入すれば野菜は大きく育つが、病害虫に弱くなる。「過ぎたるは及ばざるがごとし」である。病原菌や害虫も、作物から栄養を得て子孫を残そうとしている。その際、病害虫にとっては栄養のある(肥料が多い、つまり窒素分が多い）野菜のほうが効率的だから、病害虫の標的になるのだ。ただし、肥料が少なすぎても野菜は大きく育たないし、病害虫に弱い。だから、適量をいつも気にしている。また、適期適作（適切な時期に栽培する）も重要だ。種播きの時期が早すぎたり遅すぎたりすると、病害虫に弱くなる。

防虫ネットなどで物理的に防ぐ方法もある。キャベツをはじめとする葉物の害虫がひどいときに、活用する。とくに春の葉物はネットを掛けないとモンシロチョウやカブラハバチの幼虫が大発生し、出荷できない場合もある。キャベツに付いたモンシロチョウの幼虫（青虫）や葉物についた虫などは、手で取ることもある。

そして、風通しもかなり重要だ。風通しが悪いと新鮮な空気が通わず、湿気が高くなり、カビや害虫が発生しやすい環境をもたらす。でも、草の管理ができずに伸ばしてしまい、風通しが悪くなって病気が発生した失敗は何度もある。十分に注意しているのだが、忙しすぎて管理が行き届かない場合も少なくない。

③苗づくり

踏み込み温床を利用する。落ち葉をさらってきて、少量の米ヌカと鶏糞を入れながら踏み込んでいき、発酵させ、その発酵熱を利用して春・夏野菜の苗をつくる技術である。冬の間に近

子どもたちと妻の知子で野菜の苗づくりの準備
踏み込み温床で落ち葉を一緒に踏む

くの里山や公園などから、軽トラ4～5台分の落ち葉を集めている。踏み込み温床で使った落ち葉は2年後に、腐葉土として野菜の床土とする。循環しているのだ。電気を使う必要はないし、床土を買う必要もない。

④輪作
毎年同じところに栽培できない野菜が多いので、栽培する場所を変えていく。たとえば、ナスやピーマン、トマトはいずれもナス科なので、ナス科同士で連作にならないように、3～4年は間隔を空けている。多品目栽培だから、輪作は容易だ。

こうして栽培した野菜は、最高に美味し

い。人参は特有の香りと甘みが強く、味が濃い。ネギは柔らかく、香りも後味もよい。旬に合わせて作付けし、より美味しいと思う品種を選び、微生物たっぷりの土壌で栽培しているからだろう。

栽培している野菜は、ナス、ピーマン、トマト、キュウリ、枝豆、モロヘイヤ、キャベツ、白菜、小松菜、ジャガイモ、人参、里イモ、サツマイモなど挙げていけばキリがない。スーパーでよく見かける野菜のほとんどを栽培している。

これらの野菜を10種類くらいセットにして、直接消費者に販売する。現在は1カ月に約100セットで、佐野市内は直接配達し、市外は宅配便で送っている(割合はほぼ半々)。大セット(2200円)と小セット(1800円)があり、端境期(はざかいき)といって、野菜が少なくなる4月下旬と年末年始以外は、基本的に休まない。直接販売することで、美味しいという反応が直に返ってくる。大変やりがいのある方法だ。

平飼い養鶏の環境と餌

平飼い養鶏も、有機農業と同じくマイナーである。一般的な養鶏はケージ飼いで、ほとんど身動きができないような箱の中に鶏たちが横一列に並び、餌が運ばれてくる。見た感じそのまま、卵製造工場のような感じだ。一方、平飼い養鶏では先に述べたように、小屋の中で鶏たちが自由に動くことができる。

関塚農場では、鶏の健康を最も重視している。そのポイントは環境と餌だ。

環境については、鶏舎の風通しを良くして、太陽の光がある程度入るようにする。風通しが良ければ新鮮な空気が供給される。そして、鶏たちは殺菌効果のある紫外線（朝の光に多く含まれる）で、気のすむまで日光浴できる。飼育密度は1坪（3・3㎡）あたり10羽で、10・5坪の部屋に100羽を基本としている。また、床はコンクリートにせず、土の上で飼う。コンクリートで土を遮（さえぎ）ってしまうと、土の恩恵が得られない。土の上にはモミ殻を敷く。

餌については、何をどのくらい食べさせるかが重要だ。

日本では一般的に、家畜（鶏、牛、豚）にアメリカから輸入したトウモロコシを与える。その大半は遺伝子組み換えトウモロコシだ。関塚農場では遺伝子組み換えの飼料は与えたくないので、トウモロコシは使わない。なるべく地域内で手に入る国産飼料を中心に与えている。手に入りやすい飼料は、麦の細身（規格外のクズ麦）とヌカだ。動物性タンパク質としては魚粉を与えている。国産が手に入りにくいため、魚粉だけは輸入物を使う。

本来ならば有機農産物の飼料を与えるべきだが、現在の日本ではコスト面でかなり難しい。そこで、慣行農産物の国産飼料を与えている。ほとんどの平飼い養鶏も同様だ。これから有機農業が広がれば、国産有機飼料を与えられる時代がくるかもしれない。私はそれを期待したい

関塚農場の平飼い養鶏。白い鶏はオス

し、そうなるように努力していきたい。

家畜の餌に関しては優先順位が大切だ。つまり、人間が食べられるものは人間が食べ、人間が食べられないものは家畜が食べ、家畜も食べられないものは肥料にする。たとえば、白米を人間が食べて、白米にする工程で出たヌカは鶏が食べる。人間が食べられない穀物の細身などは家畜に食べさせて、肉や卵、乳を人間がいただく。

何を食べさせるかと同様に、どのくらい食べさせるかも重要である。毎日お腹いっぱい食べていると、病気になりやすい。だから、腹八分ぐらいの量を与える。もう少し食べたいという量しか与えないのだ。

卵と鶏肉の味

関塚農場の平飼い養鶏のもうひとつの特徴は、有精卵である。メス１００羽に対して５羽の割合でオスを飼うと、ほとんどが有精卵になる。孵化させれば、ヒヨコが誕生する。一般に販売されている卵は無精卵なので、孵化させようとしてもヒヨコにはならない。命が宿るものを食べたほうがパワーをいただけると私は考えている。私たちは命をいただいて命をつないでいるからだ。有精卵を食べたほうが健康に良いにちがいない。

また、ヒヨコは農場で孵化させないのかとよく聞かれる。しかし、ヒヨコから自分たちで自給するのはなかなかハードルが高い。現在は、生まれたばかりのヒヨコ(初生雛と呼ばれる)を種鶏場から購入している。親がいないので、初めの1週間だけは電気こたつを利用して、温めて育てている。半年も育てると卵を産み始める。

こうして育てた鶏の卵の味はコクがあると思い込む人が多いが、実際にはサラッとしている。ほのかな甘味で、白身まで美味しい。黄身には臭みがなく、卵は嫌いだが関塚農場の卵なら食べられるという人も少なくない。消費者に野菜セットと一緒に販売するほか、自然食品店や佐野市内の道の駅でも販売している。1パック10個入りで500円だ。

卵を生み始めてから1年半ほどで、鶏はお役御免。まだ寿命ではないが、経済的な側面から淘汰し、肉としていただく。歳をとっているので、一般に販売されている生後2〜3カ月の若鶏の肉と違って硬い。唐揚げでは食べられない。だが、長時間火を通したり、逆にしゃぶしゃぶのようにさっと火を通したり、細かく切ったりと工夫すれば、美味しく食べられる。食感を優先した軟らかいだけの市販の鶏肉の味を大きく凌駕する。しっかりとした頼もしい味で、どこまでもうま味がある。鍋に入れてもチキンカレーにしても最高だ。

田植え後一切除草しない技術で水田面積を拡大

稲作には、土づくり、苗づくり、代かき（田植えのために、田に水を入れて土を砕いてかきならす作業）、田植え、水管理、稲刈り、脱穀、乾燥、貯蔵など多くの作業がある。有機稲作では、抑草（草を抑える）が最大のポイントである。そして、田植え後は一切除草しないという、信じられないような有機稲作がある。

日本のほとんどの水田では農薬と化学肥料を使い、雑草には除草剤で対処している。除草剤を使わない有機農業では、多くの方法が試みられてきた。手除草、機械除草、アイガモ、コイ、カブトエビなどだ。田植え後は一切除草しない稲作は、これらの方法に比べて省力的という意味で画期的である。抑草に関しては、田植え後に田んぼに入る必要がない。水管理だけですむ。この方法は、栃木県上三川（かみのかわ）町にある民間稲作研究所の稲葉光國さんや野木町の舘野廣幸さんが確立した。私はそれを真似しているだけだ。

有機農業を始めたころは、お米の栽培は自家用と考えていた。その後、稲作を経営の柱のひとつにしたいと考えるようになった。なぜなら、農業を実践するにつれて稲作の重要性を認識したからだ。日本の農地は450万haで、そのうち250万haは水田である（実際の作付面積は減反政策の影響もあって、最近では約150万ha）。面積を見ても、稲作の重要性が分かる。加えて、日本人の主食は米だ。消費量の減少が指摘されているものの、れっきとした主食である。

だから、有機稲作がもっと広がっていってほしいと考える。多くの水田が有機稲作になった日本をいつか見たい。その一端をほんのわずかでもいいので、自分が担えたら嬉しい。

就農して数年間はアイガモ農法を実践していた。妻の知子がアイガモ農法を確立した古野隆雄さん（福岡県桂川町）の農場で研修したからだ。アイガモ農法では田植え後の田んぼにアイガモを放し、アイガモたちが田んぼをかき混ぜることで草が生えないようにする。毎日餌を与えに行くと、可愛いアイガモたちが群れで寄ってくる。その光景を見るのが本当に楽しい。しかも、驚くほど草が生えない。

ただし、田植え後は一切除草しない有機稲作のほうがアイガモ農法より省力的である。なぜなら、アイガモ農法では田んぼにネットや電線（電気柵）を張ったり、アイガモを田んぼから回収後に育てたりする手間がかかるからである。

田植え後は一切除草しない有機稲作（舘野さん方式）の方法を紹介しよう。

通常の稲作では、代かきは1～2回だが、この方法では3回行う。1回目は4月下旬ごろ

田植えは例年６月上旬に行う。１ha に約５日かかる

で、代かき後にわざと雑草を生やす。雑草が生えるには酸素と温度が必要なので、水を切って酸素を補給したり、浅水（５㎝程度）にして温度を上げたりして、雑草の発芽を促す。草が生えたころに２回目の代かきをすると、生えた雑草は死ぬ。その後も雑草の発芽を促し、再び雑草が生えたころ３回目の代かきをする。もちろん、２回目に生えた雑草も死ぬ。

３回目の代かき後は水を落とさず、田植えを行う。一般的な田植えでは土がやっと隠れるくらいの水深で、ところどころに土が見える状態が多い。だが、水を張ったまま田植えをすることで酸素があまりない状態が保たれ、雑草の発芽を抑制できる。植物の発芽には酸素が必要だからだ。田植え後も１カ月程度は深水管理（約10㎝）を行う。これで、水稲の成長を阻害する雑草の生育はほとんど抑制できる。

つまり、こういう原理だ。水田には多くの雑草の種子があって、生えたくてウズウズしている。その雑草たちを2回発芽させると、残った種子たちは酸素不足で発芽できなくなるのだ。この方法がうまくいってからは、手間がかからないので、田んぼの面積の拡大が容易になった。

ところで、稲作は新規就農では挑戦しにくいといわれる。それは、初期投資が多額だからだ。一定規模以上の稲作に取り組むには、機械化が欠かせない。播種機、田植機、コンバイン（収穫・脱穀・選別）、乾燥機、籾すり機、米選（べいせん）機、精米機、貯蔵庫などが必要になる。

しかし、新規就農でも有機稲作に取り組めるモデルをつくりたいと私は考えている。安い中古機械をそろえれば、初期投資をかなり抑えられるはずだ。たしかに安い中古機械は故障しやすいが、機械整備に詳しくなれば、そのデメリットを補えるだろう（機械整備に関しては61〜64ページ参照）。

幸い稲作の中古機械は数が多く、手に入りやすい。稲作が機械化されている証拠でもある。私自身は播種機、田植機、コンバインなど必要な機械はすべて中古で買いそろえた。慣行農家が有機稲作に転換していくとともに、新規就農者が初期投資を抑えることで容易に有機稲作に取り組めるようになれば、日本の稲作が変わるにちがいない。

4 ＩＴ時代の有機農業経営論

自然農にこだわりすぎて失敗

皆さんの参考にしていただきたいので、ここでは自分の失敗談も含めて紹介しよう。ぜひ、反面教師にしてほしい。

関塚農場はすでに述べたように、年間60種類の野菜、稲作、平飼い養鶏の三本柱で経営している。経営的に考えると、これにはリスク分散という大きなメリットがある。３つも柱があると効率が落ちるという批判があるかもしれないが、リスク分散のメリットはそれを上回る。異常気象が起こったとしても、３つすべてがダメになる可能性は低いだろう。また、栽培だけでなく販売も自ら行うことが大きな特色である。こうした有機農家は少なくない。その場合、栽培にも販売にも適切に力を入れることで経営はうまくいく。

ところが、私は栽培にこだわりすぎて経営がうまくいかなくなるという失敗を経験した。

有機農業を始める前、３年で経営を黒字にしようと考えていた。２年目になると野菜がある程度栽培できるようになり、卵の販売も順調で、もう少しで黒字になる状態だった。そして3年目に、目標どおり農家としてやっていけると感じた。そこで、私は栽培にこだわり始めた。順調ゆえに、調子に乗ってしまった感じだ。これが失敗だった。農産物の販売よりも、栽培にばかり関心が向いたのだ。

環境問題から有機農業の道に入ってきたので、なるべく農業機械や石油の力に頼らない農業を考え、4年目から自然農に切り替えた。一口に自然農といっても、いろいろなやり方がある。肥料を入れたり入れなかったり、耕したり耕さなかったり、さまざまだ。

私は、川口由一さん(奈良県桜井市)が実践している自然農を選択した。そこでは肥料は「補い」と呼ばれ、使ってもよい。ただし、不耕起栽培だから耕さない。その素晴らしい点は、耕さないから機械を使わないことだ。補い(肥料)は使ってもよいので、痩せた土地で実践する私たちにもできそうな気がした。事実、川口方式の自然農実践者は多い。本や冊子を手がかりに情報を得られやすいのも、利点のひとつである。

こうして自然農に切り替えて野菜を栽培したところ、予想以上に手間を要した。たとえば葉物の種播きでは、播種する場所を鍬できれいに削り取る。その作業にとても時間がかかった。小松菜やカブ、大根、人参など直播きする(畑に直接播種する)野菜には、この作業が欠かせない。3年目まではトラクターで耕すだけで播種の準備が整ったので、大きく違う。有機農業のときでさえ忙しかったのに、さらに忙しくなり、講演会や研修会などに参加する余裕がなくなった。

野菜の出来はあまり良くなく、とくに土が肥えていなければうまく育たないナスやピーマン、白菜などの出来が悪かった。補い（肥料）は投入したが、有機農業のときより明らかに悪い。それでも、やがて良くなるだろうと思い、悪戦苦闘しながら続けた。しかし、野菜の出来が良くないので販売にも支障が出て、経営は安定しない。結局、自然農は３年で止めて、７年目に有機農業に再転換した。

石油は枯渇資源といわれるように、いつかなくなる。機械や石油に頼らない農業を考えるうえでは、自然農は良い方法かもしれないと今でも思う。振り返ってみれば、もっと作物の生理に精通し、作物を適切に見る観察力があれば、うまく栽培できていたかもしれない。自分の力量不足だった点は否めない。

現在は自然農のときよりうまく栽培できているし、時間にも一定の余裕はある。自然農の失敗経験から、栽培にこだわりすぎるとうまくいかないことを認識できた。ストイックになりすぎても、よくないのだ。

自然農に夢中になっていたときは、栽培だけで頭がいっぱいだった。栽培の失敗によって、販売面にも関心が向くようになった。その後は、どうしたら販売を伸ばしていけるかを考え、試行錯誤を繰り返しながら実践している。うまくいったときは楽しい。

ＩＴをどう考えるか

インターネットやコンピュータなどＩＴ（情報技術）の普及によって、世の中が大きく変わった。利点がある一方で、もちろん弊害もある。最も深刻な問題は情報漏洩だ。スノーデン事件で明らかになったように、アメリカ政府はGoogle（グーグル）やApple（アップル）、Facebook（フェイスブック）などＩＴ企業の力を借りて、個人情報を収集している。日本人の情報も例外ではない。

私たちはＩＴを通じて書類、連絡先やスケジュール、写真などを保存したり活用したりしている。これらの情報が一定のところに漏れていたとしたら、きわめて大きな問題である。何を検索して、誰と交友関係があって、どういうスケジュールになっていて、どこで何をしたかなどの情報を握られてしまう。恐ろしいことだ。電磁波の危険性も避けて通れない。

私はパソコンを持たずに生きていこうと決めていた時期があった。弊害が気になったし、何より機械に支配されて生きているイメージがあって、嫌だった。だが、パソコンやインターネットが普及するにつれて、これらを味方にするべきだと考え、利用し始める。すると、暮らしのなかでさまざまな変化が起きた。

分からないことは、すぐにいつでもどこでも調べられる。メールを利用すれば連絡が容易だし、買い物も便利だ。

栽培にＩＴを最大限利用

そして、スマートフォンやインターネットを農業に利用するようになって、大きく変わった。ＩＴを栽培面でどのように活用しているのかを紹介しよう。

まず、栽培記録を文書ファイルに保存して、いつでもどこでも活用するようになって、栽培技術が向上した。農業技術の向上には、記録がとても大切だ。人間は忘れやすい。忘れるからこそ記録し、過去の情報を活用して、同じ失敗が起きないように努力する。そうすれば、農業技術は向上できるはずだ。

たとえば、私は60種類の野菜の栽培メモを作成している。作物ごとに播種時期、品種、病害虫対策など栽培ポイントを詳細に記載し、年ごとに播種時期、播種量、栽培結果などを記録する。数年記録を続けると、作物ごとの傾向が分かるし、栽培に失敗したときは原因をつかみやすい。これらはすべて文書ファイルに保存している。

しかも、これらの情報はいつでもどこでも見ることができる。スマートフォンを使えば、外出先でも、畑でも、田んぼでも見られる。これはクラウドでファイルを共有しているからこそ可能だ。クラウドとはインターネット上のサーバ(クラウド)に情報を保存(同期)し、そのサーバを通じて複数のコンピュータ(スマートフォンを含む)を簡単に結び付けられるシステムである。

ノートに栽培メモを書いていたときは見直すのが大変だったし、かなり昔のデータを探すのも時間がかかったので、活用しづらかった。

次に、「やることリスト」をスマホで管理できるようになって、「革命」が起きた。さまざまな仕事をかかえていても、やらなければならないことを忘れなくなった。今は、やらなければならないことが思いついたら、すぐに「やることリスト」に追加する。

私たちのような多品目栽培では、細かな仕事が山ほどある。しかも、天気によって優先順位が変わる。「やることリスト」を見ながら優先順位を変更できるのは、とても便利だ。簡単に順番を変えられるアプリがお勧めだ。これだけで仕事の効率が上がった。また、通常の「やることリスト」に加えて、雨の日の「やることリスト」や事務作業の「やることリスト」も、別々に作成している。ぜひ、お勧めしたい。

さらに、栽培面で分からないことがあったらリストに追加しておく。これを「聞きたいことリスト」と私は呼んでいる。本で調べても分からなくて、誰かに聞きたいことはたくさんあるはずだ。有機農業関係の集まりに参加したときは、スマートフォンでこのリストを見ながら詳しそうな人に聞くと、答えをいただけたりヒントをもらったりできる。このリストがなかったころは、分からないことをいつか聞きたいと思いながら、２年も３年も過ぎていたケースが多かったように思う。

これらを上手く活用するコツは、やらなければならないことを思いついたら、面倒くさがらずにその場でリストに追加することだ。後回しにすると、忘れる場合が多い。

加えて、有機農業仲間との情報交換も簡単にできる。メールやフェイスブックのようなＳＮＳ（ソーシャル・ネットワーキング・サービス）を利用して、簡単に連絡が取れる。分からないことがあれば、簡単に質問できる。最近では音声入力が実用的になり、話せば文字になるので、情報交換のハードルがまたひとつ下がった。

こうしてＩＴを上手に利用していけば、栽培技術が向上する。

ＩＴは農場の宣伝や経理にも活用

ＩＴを活用しているのは、栽培だけではない。ＩＴは販売も宣伝も経理も大きく変えた。

ＩＴがない時代は、口コミやポスティング、新聞折り込みなどで宣伝するしかなかった。手間がかかるし、コストもそれなりにかかる。最近では、自分で容易に情報発信できる。しかも、どのように農産物を栽培しているのか、どんな取り組みをしているのか、写真も含めて見てもらえる。これらの情報を通じて注文をいただくことも多くなった。関塚農場ではウェブサイト、ブログ、フェイスブックの三本柱で情報発信を行っている。これらには、それぞれに適した役割がある。

ウェブサイトには、農場紹介や販売している農産物、これまで取り組んできた活動など、ストックしておきたい情報を置いている。関塚農場のポータルサイト(入り口)のようなものだ。ブログの場合、情報が流れていってしまうので、ストックしておくのには向かない。最近の出来事を中心に、イベントの告知や報告などを載せている。フェイスブックは最も気軽に情報発信できる。写真を中心に、主に農作業の様子を掲載している。

ウェブサイトやブログは自分で作成した。有料ソフトや無料のものを組み合わせた。プロへの製作依頼も検討したが、10万~20万円かかる。馬鹿にならないコストだ。結局、自分でつくることを選択した。それなりの仕事量なので、つくりあげるまでに約1カ月かかった(2014年12月に完成)。この間は、どんなに農作業が遅れてもかまわないと心を鬼にした。そのくらいの心構えがなければ、完成しなかっただろう。

ウェブサイトやブログは写真と文章が大切だ。きれいな写真と簡潔に説明する文章が必要だ。一眼レフカメラを使用し、できるだけきれいに写真を撮るように心がけた。なるべくシンプルで心に届くキャッチフレーズも効果的だろう。これらのポイントは、美味しそう、面白そう、楽しそうの３つである。

最近は、有機野菜を購入しようと思う際に、まずインターネットで検索する人が多いだろう。自分も欲しいものがあった場合、まず検索する。ますます、ウェブサイトやブログの存在が大きくなってきている。

一方で、関塚農場の取り組みがミニコミ誌、新聞や雑誌に取りあげられることも多くなってきた。ありがたいことに、その影響も大きい。インターネットの情報と違い、幅広い層の人が見ている。きっかけは何でもいいが、せっかくつながった人とは顔の見える関係で長くつながっていきたい。

また、経理もクラウド型の会計ソフトを利用するようになってとても便利になった。まだ使い始めて数年だが、売り上げや経費を計算する時間が大幅に減った。請求書を書くだけで、売り上げの管理ができる。経費はクレジットカードや銀行カードと連携できる。いつ、どこから、いくらで購入したかの明細を、クレジットカード会社や銀行から取り込んでくれる。このおかげで、わずかな作業で経費計算ができるようになった。非常に大きなメリットだ。

ただし、デメリットもある。情報漏洩だ。クラウド型会計ソフトを管理する社員が悪意を持って私たちの情報をのぞこうとたくらんだら、いつでも可能だろう。インターネットバンキングのＩＤやパスワードのみならず、秘密の質問まで教えてしまっているからだ。心配だが、今のところメリットが大きすぎて、使っている。

イベントは消費者を増やすチャンス

関塚農場では就農以来、さまざまなイベントを行ってきた。田植え、稲刈り、餅つき、料理教室や味噌づくりなどだ。参加者も楽しんでいるだろうが、自分たちも楽しんでいる。

イベントの最大の目的は、多くの人に農場に来ていただくことだ。畑や田んぼ、鶏の様子などを自分の目で見てほしいし、山のある風景や清らかな水、美味しい空気を味わってほしい。そして、私たちの農産物に興味を持っていただければ嬉しい。消費者を増やすチャンスでもある。イベントの参加者は、いつも私たちの農産物を購入してくださる消費者、ブログやフェイスブックでイベントページを見た人たちだ。佐野市近辺が多いが、東京や神奈川、埼玉からも来る。

イベントの内容はさまざまだ。とくにお勧めは田植え。田植えの面白さは、水を張った何ともいえない感触の中に足を突っ込んで歩くことだ。田んぼでは、カエルやオタマジャクシ、昆虫など多くの生き物たちが見られる。みんなで横一列になって、会話しながら、気持ちよい青空の下で田植えをしていくのは、とても楽しい。終了後は、充実した達成感が味わえる。田植えの合間のお茶の時間やお昼ご飯も、楽しみのひとつだ。

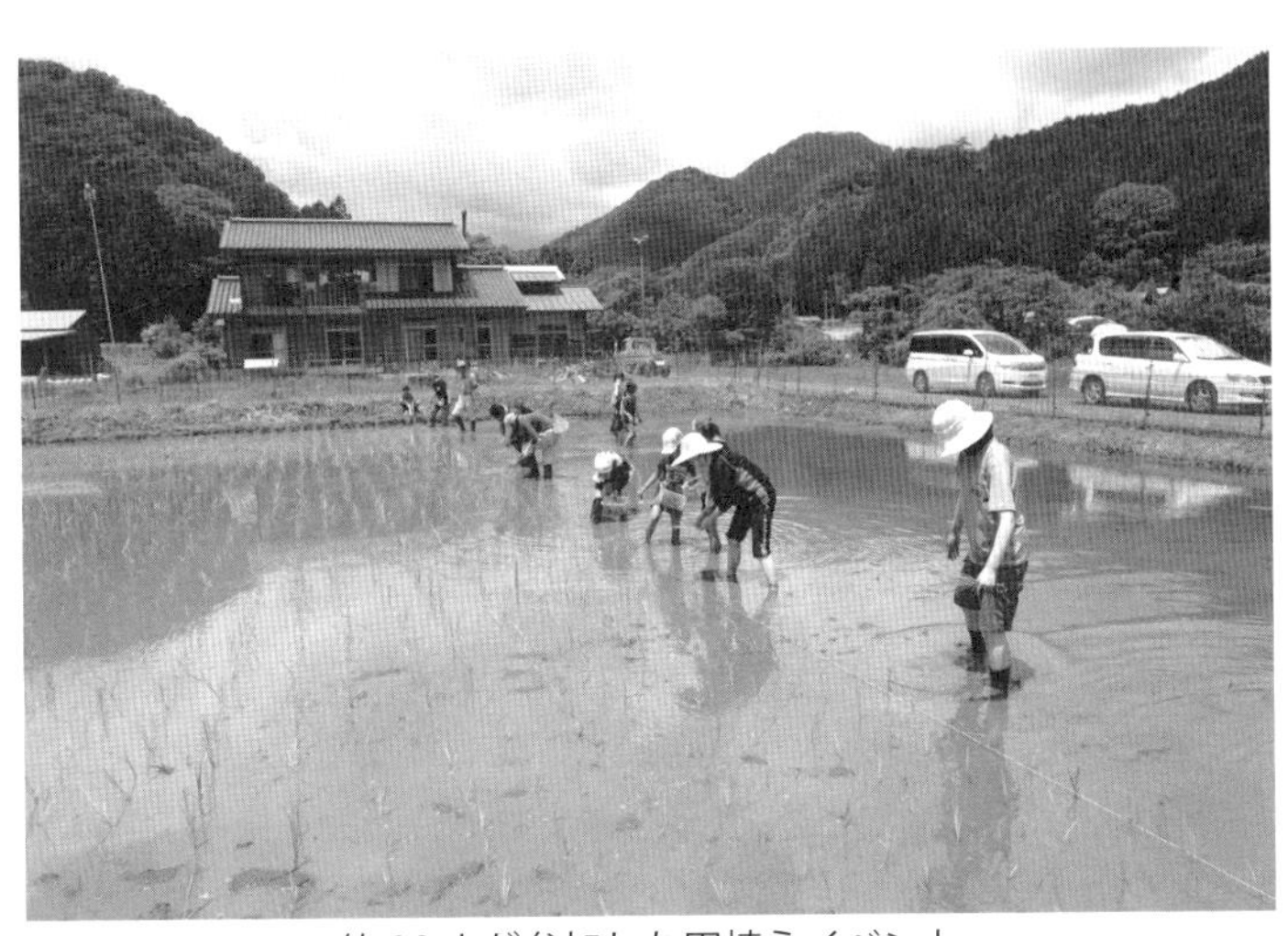

約30人が参加した田植えイベント

不定期で料理教室も行っている。有機野菜は簡単に調理するだけで美味しいということを伝えるためである。自宅の台所と居間を使うので、参加者は10人程度まで。講師は妻の知子だ。有機野菜は素材自体が美味しいので、単に焼いたり茹でたりするだけで非常に美味しい料理ができる。素材を活かすように調理し、たいした手間はかからない。

料理教室では自然塩の大切さも伝えている。自然塩は、海水だけを原料として、伝統的な天日・平釜法で製塩される。私たちが使うのは「海の精」(伊豆大島産)だ(自然塩について詳しく知りたい方は、『日本人には塩が足りない!』(村上譲顕、東洋経済新報社、２００９年)をお勧めする)。料理教室では、昔ながらの鰹節削り器で鰹節を削ったり、昆布や煮干しを使った簡単なだしの取り方を教えている。

また、味噌づくりを年に一度、農閑期に行う。自家製味噌を販売するためには、免許取得や設備の関係でかなりのコストを要する。そこで、参加者と一緒に味噌をつくるイベントにして、私たちは参加費をいただく。ただし、約３００㎏つくるので、自宅での開催はさすがに難しい。近くにある佐野市の農産加工施設を借りる。

材料は関塚農場産の米、大豆、そして自然塩である。米を蒸して麹をつくり、煮るか蒸した大豆をつぶして麹と混ぜ合わせ、樽に詰めていく。味噌づくりは3日かかるので、最終日をイベントにする。麹の様子や大豆を煮たり蒸したりする場面を見て、みんなで樽詰めしていく。参加者がそれを持ち帰り、夏まで冷暗所で保管すれば、手づくり味噌が完成する。自分たちでつくる味噌は、市販品が買えなくなるほどの美味しさだ。とても好評のイベントで、すぐに15名の定員が埋まる。

さらに、餅つきも行っている。昔ながらの杵と臼でも行うし、餅つき機も利用する。初めて餅つきをする参加者もいて、餅米を蒸している間の匂いや蒸したお米をつまみ食いする美味しさがたまらないらしい。杵を何度も振りかざしていると、いかに重労働かが分かるようだ。ちなみに、餅つき機と杵つきの餅では味が全く違う。杵つき餅のほうが断然、美味しい。杵つき餅はきめ細やかくて、よく伸びる。

あらゆるイベントで、美味しさや面白さを伝えたい。イベントの企画・運営は手間がかかり、エネルギーを必要とするが、これからも続けていく。新たなイベントも企画したい。たとえば鶏を解体して、命の大切さを感じてもらう。最近は醤油もつくっているので、醤油搾りも面白いだろう。

農業機械整備に強くなって経費を削減

経営を改善するためには、販売額を上げるだけでなく、経費削減も考えていかなければならない。関塚農場では、通常の農家に比べて経費が少ない。たとえば、床土は踏み込み温床でつくるし、自家製鶏糞があるから肥料を購入する必要がない。野菜のタネも約30品種を自家採種しているので、全体の３割は自給できる。農業資材の購入も少ない。

さらに、関塚農場には独自の経費削減策がある。それは農業機械の整備費用だ。農業機械の整備については、プロの農機具店に任せるべきだという声もあるだろう。私も農機具店と付き合っているし、任せるべき部分はあると考える。だが、自分でできることも多い。それだけで出費が大きく違う。

まず、通常きちんと整備していれば、壊れないように予防できる。仮に壊れたとしても、大半は部品を注文して自分で修理できる。こうすれば、経費は部品代だけで、農機具店に払う作業工賃は発生しない。どうしても自分でできない修理だけ、農機具店に頼む。私はトラクターや管理機のロータリーのオイル漏れなどを農機具店にお願いしている。

実は農業機械整備については、戦略的に取り組んできたわけではない。神谷嘉幸トーマスさんとの出会いがきっかけだ。トーマスさんは沖縄出身の日系カナダ人。カナダでメカニックとして仕事をしていたが、２０１１年の東日本大震災と原発事故後、生まれ故郷の日本に貢献したいと考え、ボランティアで有機農家をまわって農業機械整備を教えたのだ。

関塚農場には２０１３年に、３日間滞在された。ちょうど私は自宅を建築中だったため、比較的時間の余裕があり、つきっきりで3日間、指導を受けられた。建築中でなければ時間があまり取れなかったと思う。トーマスさんから教えていただいたのは、農業機械整備の基本だ。特別な技術があるわけではない。ひるがえって考えてみれば、それまでいかに基本ができていなかったか、ということになる。

まず、エンジン関連についてはオイル交換を定期的に行う。関塚農場では大豆の刈取機は1年に1日しか使わないが、そうした機械でも1年に1度は必ず交換する。オイルは腐るからだ。また、エンジンにはごみや異物が入らないように各種フィルター(エンジンオイルフィルター、エアーフィルター、燃料フィルターなど)が付いている。このフィルターを定期的に掃除し、交換する。ガソリンエンジンであればプラグの掃除、ディーゼルであれば冷却水の点検交換も適宜行う。

そのほかのポイントも紹介しよう。トラクターや耕耘機のロータリーなど土で汚れる機械は、定期的に高圧洗浄機などで洗浄する。洗浄によって、オイル漏れや異常を発見できる。洗浄しないと、オイル漏れがあっても気付かない。以後、関塚農場では機械ごとに、6カ月や1年に一度は洗浄するように決めた。また、回転部分やワイヤーなどには、浸透潤滑剤やグリーススプレーなどのスプレーを塗布する。油を切らしてはいけない。

次に、すべての機械の取扱説明書を一通りそろえる。これはあまり指摘されていないかもしれないが、とても大切だ。取扱説明書があれば、その機械特有の整備箇所が分かる。取扱説明書がなければ、整備すべき箇所が分からず、見過ごしてしまうだろう。中古で手に入れた場合も、農機具店やメーカーに問い合わせて、必ず入手するようにしよう（あまりに古くて手に入らない場合は諦める）。

これらの整備を日常的に行っていれば、大半の故障は未然に防止できる。また、整備に欠かせないのは、掃除などに使うエアーコンプレッサーと高圧洗浄機だ。

さらに、インターネットの普及にともない、動画などで修理方法が簡単に分かるようになった。たとえば、ガソリンエンジンのキャブレターのオーバーホール（分解修理）。「キャブレター　オーバーホール」で検索すれば、複数の動画がヒットする。以前であれば、オーバーホールの得意な人が近所にいないかぎり、目にすることができなかっただろう。

最後に、機械整備を行ううえで私が最も難しいと感じているのは時間の工面である。機械整備の方法は本や動画で勉強できる。農作業と農業機械整備のどちらを優先させるべきか、いつも悩まされている。これについては、経験と勘で乗り越えていくしかないだろう。農業機械整備を行わなければどのくらいの経費がかかるかを想定し、農作業との折り合いをつけていこう。

なお、最近では農業機械の購入にインターネットオークションが利用できるようになり、安く手に入れられる。しかも、欲しい機械を細かく選択できる。これによっても、経費がかなり削減できるだろう。

第2章 有機農家の農産加工は楽しくて美味しい

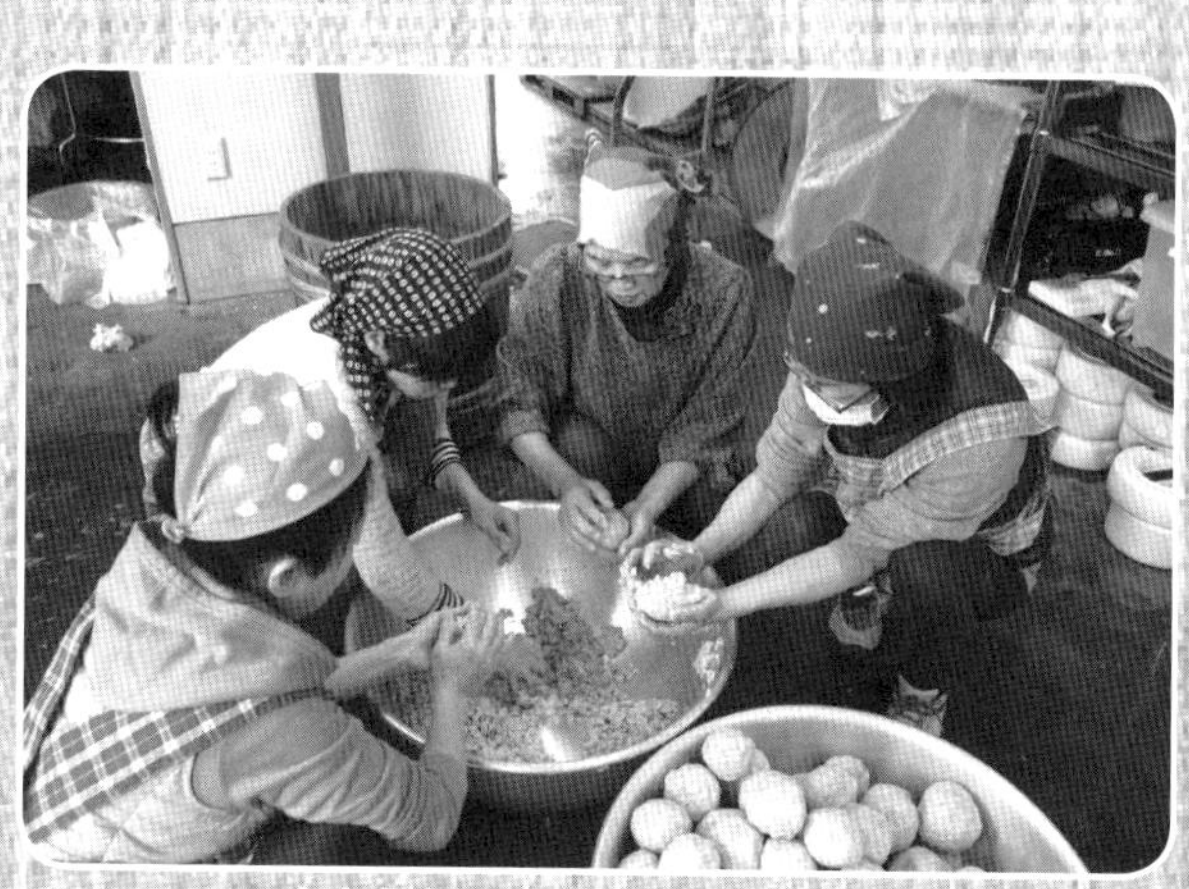

毎年恒例の味噌づくりイベント

1 農産加工は楽しい

関塚農場では野菜も米や麦、大豆などの穀類も栽培しているから、自家製原料で多くの農産加工品を手づくりできる。味噌や醤油、漬物から、日本酒やビールまで、さまざまだ。しかも、並大抵の加工品ではない。有機農家ならではのきちんとした素材を使った、美味なる加工品だ。

そして、農産加工は何といっても楽しい。なぜなら、第一に市販品を大きく凌駕（りょうが）するほど美味しい。第二に、加工品がどのようにできるかを理解できる。材料や発酵過程を知り、いろいろなつくり方を調べるだけで、ワクワクする。第三に、材料やつくり方の工夫ができる。工夫によって、味も変わる。味噌を例に挙げると、大豆や麹に使う品種、大豆を蒸すか煮るかが選択できる。品種を選ぶこともできる。実に奥深い世界だ。

我が家ではこれまで、多くの農産加工に取り組んできた。とはいえ、私たちは農産加工の達人というわけではない。取り組んだ回数が少なく、本書に盛り込むか迷ったものもある。それでも、農産加工の楽しさだけは伝えられると考えた。皆さんには、ぜひいろいろ挑戦してほしい。

市販農産加工品の多くは美味しくない。それは素材が美味しくないからだ。たまに食べる市販のキムチはともかく辛くして、甘みを相当に加えて、味をごまかしている。コンビニの肉まんは少し甘くしたうえで、味を濃くしてごまかしている。市販品はコストを考慮しなければならないから、味を犠牲にしてコストを下げている面も否めない。味より値段を気にする消費者が多いからだろう。見た目や保存性を考えて化学調味料が使われている点も気になる。

一方、たとえばキムチを自分でつくれば、好みに合わせて辛さを調節できるし、白菜や人参など野菜の風味が豊かなので、とても美味しい。もちろん、化学調味料は一切使わない。

しかも、最近では情報の入手がいとも簡単になった。私たちが最も頼りにしているのは本だ。調べてみると、ありとあらゆる農産加工に関する本が出版されている。絶版となった本でも、古本で簡単に手に入る。インターネットによる情報入手もお勧めだ。たくさんの人が発信している情報を見極めて入手するのも楽しい。知り合いや友人から情報入手することもある。情報だけでなく、道具もインターネットを使って簡単に手に入るようになった。

なお、我が家の農産加工品は自給用である。販売用ではない。なぜなら、販売するためには、それぞれの農産加工に対応する設備が必要になるからだ。日本では、多くの農産加工をひとつの設備で行える法体系にはなっていない。

また、本章では、日本酒やビール、ワインや焼酎のつくり方も紹介した。しかし、日本では酒類製造免許を持っていないかぎり、アルコール度数1％以上の製造は酒税法によって禁じられている。私は酒類製造免許を持っていないので、1％未満になるように材料を減らしたり水を多くしたり、工夫している。免許を持っていない方は、同様に調整していただきたい。

ただし、欧米では自家醸造が趣味として認められている国が多い。日本も自家醸造を解禁してほしい。各家庭の漬物を自慢し合うように、各家庭でつくった日本酒やビールを堂々と飲み比べできるようになったら、もっともっと豊かな文化を築いていけるにちがいない。

そして、多くの農産加工に取り組んできて感じたポイントがある。それは、大きな失敗のない簡単な方法から挑戦したほうがいいということだ。初めから材料やつくり方にこだわりすぎると、失敗する可能性が高い。その結果、つくる意欲を失ってしまう。初めは失敗の少ない方法でつくり、徐々にレベルアップしていくほうがよいと思う。以下では、我が家の楽しい農産加工を紹介していきたい。

2 美味しい農産加工品のつくり方

(1)漬け物

最近では、つくるより買うほうが多いかもしれない。でも、農家や家庭菜園(市民農園)愛好者なら、自ら栽培した風味豊かな野菜で漬けられ、食の楽しみが大きく広がる。添加物でごまかしていない、美味しい漬け物ができる。

材料は大根、白菜、カブ、キュウリ、ナス、ラッキョウなど。味付けは自然塩、ヌカ、味噌、醤油、酢、粕、麹など。いずれも、存分に楽しむことができる。ポイントは、自然塩を用いること。もちろん、味噌や醤油も自然塩を使ったものを利用する。

我が家では、たくあん、白菜漬け、ぬか漬け、味噌漬け、キムチ、梅干し、三五八漬け(東北地方の特産。塩3、米麹5、米8の割合の漬け床を用いる)などをつくって楽しんでいる。なかでもお勧めはキムチだ。キムチは動物性の食材(アミの塩辛など)を使うことで、旨味が増すらしい。ここでは、我が家のキムチのつくり方を紹介する。

〈材料〉

白菜2株、大根1／2本、人参1本、ニラ1束、ニンニク50g、生姜50g、りんご2分の1個、アミの塩辛100g、だし汁(昆布と煮干し)1カップ、粉唐辛子1カップ、塩(下漬け用1／2カップ)、いりごま大さじ3、砂糖大さじ1

〈つくり方〉

①白菜を四つ割りにし、一昼夜半くらい重石(おもし)をして下漬けする。
②水が上がったら、白菜を洗う。
③白菜の水気をしぼり、さるなどで2〜3時間かけて自然に、水をよく切る。
④大根と人参は千切りにして軽く塩を振り、水気を切る。ニラは5㎝くらいに切る。
⑤ニンニク、生姜、りんごは、すりおろす。
⑥⑤にアミの塩辛、だし汁、粉唐辛子、いりごま、砂糖を混ぜ合わせてヤンニョム(合わせ調味料)をつくり、水気を切った白菜の間に具(大根、人参、ニラ)を丁寧にはさむ。
⑦具をはさんだ白菜を半分に折るようにして丸め、容器に白菜の芯を上にして詰め、空気が入らないように手で押さえる。
⑧3日目から食べ始められ、1週間くらいで味がのってくる。

⑵米味噌

自家製味噌は最高に美味しい。市販の味噌が食べられなくなる。もちろん、大豆も米も自家製で、農家ならではのぜいたくだ。毎日、朝にいただく味噌汁に自家製味噌を使う。朝から嬉しくなる。夏のとれたてのキュウリに自家製味噌をつけて食べるのも最高だ。お酒のつまみにちょうどいい。

我が家の味噌は、米麹と蒸煮した大豆と自然塩を混ぜてつくる。味噌には、米麹味噌以外にも、麦麹味噌、豆だけでつくる豆味噌などがある。ただし、豆を使わない味噌はない。米麹味噌しかつくったことがないので、そのうち麦麹味噌や豆味噌にも挑戦してみたい。

〈材料〉（味噌60kg分）

米15kg、大豆15kg、塩7・14kg

大豆は全国に、それぞれの土地に合った在来品種があるので、その土地の品種を選ぶとよい。我が家でも地元の在来品種を栽培して、利用している。

〈つくり方〉

＊１日目

米麹をつくる（75ページ参照）。

＊２日目（３日目でもよい）

①大豆の蒸煮（蒸しても煮てもよい）。大豆容量の３〜４倍の水で８〜10時間浸漬した大豆を蒸煮する。大豆を皿の上に置いて、指で押していき、つぶれたときの目盛りが５００g程度になるまで蒸煮するとよい。

②豆をつぶす。ミートチョッパーや餅つき機を使って、大豆が熱いうちにつぶす。杵と臼を使ってもできる。

＊３日目

①米麹につぶした大豆と自然塩を混ぜる。自然塩の90％を塩きり麹（麹と塩を混ぜ合わせる）に使い、残りの10％は振り塩に使う。

②①を味噌玉にして、なるべく隙間なく樽に詰めていく。最後に振り塩と重石を載せる。

③冷暗所に保存する。冬〜春に仕込んだ場合、ひと夏越した秋の彼岸ごろから食べられる。

麹づくりがハードルになる場合があるので、初めての人は麹を買ってもいい。また、家庭でつくるときは、豆を蒸したり煮たりする際に大きな鍋が必要になる。

実際につくる場合は、88ページのお勧め文献①を参考にしていただきたい。

（3）納豆

手づくり納豆は意外に簡単だ。一日半（大豆を蒸煮してから）で完成する。我が家では、時間に余裕がある農閑期の冬につくる。豆の味がして本当に美味しい。自家製の平飼い卵と混ぜて食べても、最高に美味しい。納豆用の小粒品種(納豆小粒、スズマルなど)を栽培してつくるのもいいだろう(関塚農場では栽培していない)。

〈材料〉(納豆５kg強分)

大豆２・５kg、納豆菌(量は添付されている説明書を参照)

〈つくり方〉

①大豆を半日〜一日、水に漬ける。

②大豆を蒸煮する。親指と小指で軽く力を加えるとつぶれるくらいの軟らかさになるまで、蒸煮する。５時間前後かかる。

③接種。蒸煮した豆に納豆菌を付着させる。納豆菌は購入している(インターネットで簡単に購入できる)。

※市販の納豆を種にする方法や、稲ワラを用いる方法もある。稲ワラにはもともと納豆菌が付着している。

④盛り込み。我が家では蒸煮した豆(80g)を経木(きょうぎ)に入れる。

⑤保温。40〜42℃の状態で約20時間保温する。ある程度の湿度(90%)が必要なので、我が家では大きなビニール袋に経木を入れて、こたつで保温している。念のためサーモスタット

も使い、40～42℃の状態を保つ。保温が終われば完成。

⑥保存。冷蔵庫で1週間程度保存できる。我が家では1回に大量につくり、冷凍保存している(半年くらい保存できる)。食べる前日に冷凍庫から冷蔵庫に移して、ゆっくりと解凍すれば、味も問題ない。

ひきわり納豆もできるようだ。炒った大豆を石臼で引き割って、納豆にするという。いつか挑戦してみたい。

(4)麹

それほど難しくない。麹には米麹、麦麹、大豆麹などがある。麹をつくると、味噌、醤油、日本酒、みりん、甘酒などができる。保温の方法は、米袋やこたつ、稲の育苗機を利用するなどいろいろだ。我が家では、『わが家でつくるこだわり麹』(88ページお勧め文献③)を参考にして、麹発酵器を手づくりして、米麹をつくっている。手づくりする過程で、甘くて良い匂いをかげるし、完成したときの喜びは格別だ。自分なりの工夫ができるのも面白い。

〈材料〉

米5kg、麹菌5～15g

〈つくり方〉(麹発酵器を利用)

①浸漬。米を水に漬ける。水は米が十分浸かるような量とする。春と秋は約10時間、冬は約15時間。
②水切り。米の水を切る。洗濯機の脱水機で2～5分。
③蒸米。米を強火で40～60分蒸す。指でつぶしてみて、餅くらいの硬さになっていればよい。
④冷却。蒸した米を広げて、人肌になるくらいまで冷ます。
⑤種付け。④に麹菌を振り掛ける。分量は米1kgに対して麹菌1g（この2～3倍でも大丈夫）。
⑥引き込み。⑤を麹箱に入れ、32～33℃で保温する。また、保湿のために濡れ布巾をかけ、湿度90％を保つ。引き込みから完成までは44～48時間。その間、温度が上がりすぎないように何回か切り返したり、酸素を補給するために攪拌（手入れという）したりする。引き込み後の管理にこだわりたい方は、88ページのお勧め文献③を参考にしていただきたい。
⑦完成後は外気に当てて急冷させ、発酵を止める。冬季なら外気温が低いため、外気に当てるだけでよい。
⑧保存。冷蔵も冷凍も可能。

(5)日本酒

日本酒は美味しい。お米がどうしてあの味になるのか不思議でならない。つくるのは意外と簡単だが、美味しくつくるのはなかなか難しい。それでも、自分で栽培した米からつくった正真正銘の日本酒だから感動する。3～4週間で完成し、少量でも可能だ。どぶろくもできる。ちなみに、酒と酒粕を取り分ければ日本酒、取り分けなければどぶろくである。

自分でつくる場合はいろいろな工夫が楽しい。まず、米の品種が選べる。いつも食べているお米でもいいし、日本酒専用の酒米を栽培してもいい。古代米(黒米や赤米など)を栽培していれば、使用しても面白いかもしれない。もちろん、酒米なら最高の品質になるだろう。

また、麹を日本酒に向くようにつくり、味の違いを楽しむのもよい。酒造用種麹菌を用いて若麹をつくると、日本酒に向くらしい。酵母にはいろいろな種類がある。イーストを使ったり、酵母が生きている市販の酒粕を使ったり、酵母を選ぶのも楽しい。私は挑戦していないけれど、発芽玄米酒もできるという。

もちろん、つくる過程での試飲も最高の楽しみだ。少しずつ変化する味が堪能できる。

〈材料〉(14ℓ分)

酒類製造免許保持者――蒸米5kg、麹2・1kg(加工前)、酵母(イーストの場合10g)、水10ℓ

酒類製造免許非保持者――蒸米250g、麹100g(加工前)、酵母、水10ℓ

〈つくり方〉

①仕込み。初霜が降りるころから桜の花が咲くころまでが、日本酒づくりの適期だ。我が家でもこの時期につくる。まず、麹づくりと同じ手順で米を蒸し、30℃くらいまで冷却する。続いて、水、蒸米、麹、酵母を容器に入れる。発酵日数は15～20日程度。早く発酵を切り上げれば甘口、長く発酵させれば辛口になる。

②搾り。酒袋に入れ、吊るして搾る。その後、その酒袋に重石を載せて圧搾する。どぶろくで飲む場合は、搾る必要はない。

③火入れ(搾った場合)。発酵を止め、保存性を良くする。65℃で5～10分加熱する。毎年少しずつでも美味しくできるように、工夫を重ねていきたい。

(6)ビール

手づくりビールなんてできるのかと思う人がいるだろうが、自分で楽しくつくることができる。しかも、失敗が少なく、美味しくできる。酒類製造免許を持っていなければ、アルコール度数が1％以上にならないように仕込む。

私はワーキングホリデーでオーストラリアに滞在しているとき、手づくりビールと出会った。ファームステイした農家がつくっていたのだ。衝撃的だった。自分でビールをつくることができるなんて、思いもよらなかったから。自分でも絶対につくりたいと思い、帰国後に情報を集めてつくり始めた。

道具は想像していたよりも安く、一万円ほどでそろえられる。約1カ月で完成した。必要な器具は発酵容器、打栓機、ビール瓶、王冠、サイフォンチューブだ。「手づくりビール」「自ビール」で検索すれば、自家醸造専門店がいくつかヒットするだろう。道具も材料も簡単に購入できる。

我が家では気温がちょうど良い春と秋に仕込む。冬でも可能だが、夏は難しい。電気毛布などを使えば温度を比較的楽に上げられるが、温度を下げるのは難しいからだ。

手づくりビールは、とにかく楽しい。無限大に工夫できる。まず、いろいろなビールをつくることができる。ラガー、ピルスナー、スタウト、ビターなどさまざまなモルトエキスが手に入る。どんな味のビールができるのか、想像するだけで楽しい。私は黒ビールが好きなので、スタウトをよくつくる。ホップの種類も多様で、入れる量やタイミングを変えて好みの味にできる。香りや苦味を調整できるのだ。ビール会社のようにコストをあまり考慮する必要はないので、ふんだんに使える。

酵母に何を使うかでも、味が変わる。発酵過程も楽しめる。ぶくぶくと発酵していて、見ているだけでワクワクする。

なお、一般的にはモルトエキスからつくる。つまり、途中の工程からだ。もちろん最初の工程からつくることもできる。

〈材料〉

モルトエキス、水、ホップ（リーフホップ、ペレットホップ）、イースト（分量は本文参照）

〈つくり方〉（モルトエキス以降）

＊一次発酵

① お湯を沸騰させたら火を止め、リーフホップを入れて約30分漬けておく。ペレットホップの場合は、指定の方法に準じる。

② モルトエキスを煮る。鍋に２ℓ程度の水を入れ、モルトエキスを加える。分量はモルトエキス缶に付いている説明書を参考にする。ただし、砂糖を加えてつくるレシピはお勧めしない。砂糖を入れずにオールモルトでつくろう。そのほうが断然美味しい。ホップは、このタイミングで投入する。

③ 発酵容器を洗浄し、アルコール消毒する。雑菌が混入すると美味しくなくなる。

④ 発酵容器に水と②を入れる。水とモルトエキスの割合は、水１ℓに対し、モルトエキス１７１gが標準（アルコール５％）。酒類製造免許を持っていなければ、モルトエキスの量を５分の１にする。

⑤イースト（仕込み量1ℓあたり1g程度）を加えて、発酵容器のフタをする。
⑥発酵容器を適温（18〜26℃）に保つ。1週間で発酵終了。我が家では、電気毛布とサーモスタットを使用して温度を維持している。

＊二次発酵

①ビール瓶、王冠、サイフォンチューブなどをアルコール消毒する。
②ビール瓶に糖分（砂糖やモルトエキス）を投入する。大瓶なら砂糖3・2g。糖分の投入によって、瓶の中で二酸化炭素が発生する。ビールを飲むときのシュワシュワ感は、この二酸化炭素のおかげである。
③ビール瓶に一次発酵した液体を入れる。
④ビール瓶に王冠をする。

＊熟成

2〜4週間で飲めるようになる。

こうしてつくったビールはコクがあり、キレは少ないが香り高く、市販のビールでは味わえない旨さだ。失敗しないポイントは、専用の発酵容器の使用とアルコール消毒。アルコール消毒が適切にできないと、酸味が生じて、まずいビールになってしまう。

最近はＢＩＡＢ（Brew in a Bag）という方法で、麦芽（インターネットで購入）からビールをつくることも始めた。バッグ（袋）の中に麦芽を入れて、鍋１つで、フルマッシング（麦芽１００％）を仕込む方法である（通常のフルマッシングでは鍋が３つ必要）。時間はかかるが、すっきりした味わいで、とても美味しい。

　今後は、自分でビール麦を栽培して麦芽をつくり、その麦芽からビールをつくることが夢だ。ホップも栽培して、自家製ホップで仕込んでみたい。

（７）ワイン

もちろんワインだって、自分でつくることができる。それほど難しくない。簡単にいうと、ブドウをつぶしただけで、ブドウの皮についている酵母でワインができる。だから、ワインは古くからつくられてきた。紀元前数千年前から飲まれてきたらしい。

ただし、この単純なつくり方だと失敗する可能性があるので、イーストを使ったり、アルコール度を高めるために糖を加えたりする。何回かつくってみたが、美味しいワインができた。香りも良いし、酸味も甘みもほど良く、後味も良い。今は無農薬栽培のヤマブドウを購入して赤ワインをつくっている。亜硫酸塩も無添加だ。

　いつかは自分で栽培したヤマブドウでワインをつくってみたいと考えてきた。ヤマブドウでつくるワインは色が濃く、酸味があり、美味しい。実際、２０１６年から地域おこしでヤマブドウを栽培し始めた。まだ収穫できていないが、楽しみだ(第7章参照)。将来は、白ワインやスパークリングワインにも挑戦していきたい。

ワインづくりに必要な道具は、発酵容器(ステンレス製の寸胴鍋)、コルク打栓機、破砕用の角材。2〜3カ月で完成し、10kgのヤマブドウからワインボトル8本くらいできる。私は本を頼りにつくり始めた。以下は、そのつくり方である。

〈材料〉

ブドウ10kg、グラニュー糖1・5kg、ワイン用イースト1袋(5g)、水(分量は本文参照)

〈つくり方〉

①水洗い。ヤマブドウを水でよく洗う。

②破砕。柱くらいの角材(10センチ角)を用いて、ステンレス製の寸胴鍋の中で破砕する。よくつぶしておかないと、搾汁時に搾りにくいので、念入りに行う。

③糖度測定。ヤマブドウの糖の半分がアルコールになる。仮に糖度が16%だとしたら、アルコール度数は8%。

④加水。ヤマブドウの重量(果汁・果肉・果皮を含む)の10〜20%が目安。10kgの重量で、10%ならば、1kg(1ℓ)の水を加える。酒類製造免許を持っていなければ、アルコール分が1%を超えないように水増しして調整する。

⑤イースト添加。ワイン用イースト（インターネットで購入）を使用する。
⑥一次発酵。ステンレス製の寸胴鍋に破砕したブドウを入れて、発酵させる。毎日一回かき混ぜ、10日程度で切り上げる。長く発酵させると、フルボディに近い味になるらしい。
⑦補糖。一次発酵の中盤でグラニュー糖を補糖する。アルコール度数が低い（８％程度）と保存性が悪いので、高くするためだ（酒類製造免許を持っていない場合は、補糖してはいけない）。14～15％のアルコール度数になるように調整したい。③のときの糖度を参考にする。
⑧搾汁。ボールに金ザルを置き、さらし木綿を用いて、手で搾る。
⑨二次発酵。搾汁した液を一升瓶に入れ、エアーロック（空気中の雑菌の侵入を防ぐ発酵栓）を付けて、冷暗所に２～３カ月置く。
⑩ボトリング。ワインボトルに詰め替え、コルクをして完成。

(8)焼酎

焼酎のような蒸留酒も手づくりできる。難しいのは蒸留装置のつくり方。これさえできれば、あとは簡単だ。美味しくない日本酒ができてしまったときは、焼酎にすればよい。それなりの焼酎ができる。これで、日本酒をつくる気分が楽になった。

蒸留酒は、日本酒やワインなどの醸造酒を蒸留してつくる。醸造酒ではアルコール度数20％

が限界だが、蒸留酒ならアルコール度数がもっと高くできる。日本酒を蒸留すれば焼酎になるし、ワインを蒸留すればブランデーになる。

蒸留酒の原理を説明しよう。アルコールの沸点は78℃、水の沸点は100℃なので、醸造酒を加熱させるとアルコールが先に蒸気になる。その蒸気を冷やすと蒸留酒ができる。我が家でも蒸留装置をつくった。『趣味の焼酎つくり』(88ページお勧め文献⑦)の情報を土台にし、インターネットからも情報を得た。

蒸留装置をつくるためには、ワンダーシェフ製の圧力鍋(10ℓ)、シリコンチューブ(内径7㎜)とチラーキットの銅管(いずれも自家醸造専門店で入手可能)、バケツをそろえる。私は、圧力鍋とシリコンチューブ・銅管を簡単につなぐことができた。各部品をつなげられれば、比較的簡単に製造できる。今後は芋焼酎やブランデーもつくってみたい。

〈材料〉

日本酒

〈つくり方〉

①日本酒を圧力鍋に入れる。

②圧力鍋を加熱する。初めは強火とし、音がしてきたら弱火にする。

③70〜80度の原酒が銅管の先に取り付けたチューブからしたたり落ちてくる。あまり長く続

けるとアルコール度数が低下するので、適切なところで切り上げる。

（9）醤油

醤油づくりは簡単ではない。味噌をつくる農家は多いが、醤油をつくる農家はきわめて少ない。難しいし、面倒だからだ。

まず、米麹とちがって醤油に用いる大豆麹をつくるのが難しい。温度が上がりやすく、納豆菌が繁殖しやすい。納豆菌が繁殖してしまえば、醤油づくりは失敗だ。次に、もろみをかき混ぜる手間がかかる。夏は毎日、冬でも週に１〜２回はかき混ぜなければならない。さらに、搾る道具が必要だ。自作するか、何らかの工夫をして、搾らなければならない。

それでも、自らの手で醤油をつくってみたい。なぜなら、小麦も大豆も栽培しているからである。これらと自然塩を使って、最高の醤油をつくりたい。もちろん、つくる過程も楽しい。どのようにつくられていくか、自分でつくってこそ理解できる。そして、味わうのが楽しい。自家製醤油を用いて、毎日の食卓で手づくり料理を存分に味わいたい。

我が家では、まだ挑戦し始めたばかりだ。いつでもつくれるが、醤油麹の温度が上がりすぎないことを考慮すると、冬のほうが向いているのではないだろうか。

〈材料〉

小麦7・5kg、大豆7・5kg、自然塩（海の精）7・5kg、水25ℓ、醤油用麹菌30g

〈つくり方〉

①小麦を炒る。炒った小麦が水に浮くくらいが目安。

②粉砕。①をよく冷ましてから、小麦粒が4〜5つ割りになるまで粉砕する。一部は粉末になる。我が家では電動石臼製粉機を利用した。

③大豆を蒸煮する。味噌のときよりも少し固め。

④麹菌の種付け。蒸煮した大豆と小麦を混ぜ合わせ、人肌くらいに冷めたら、醤油用麹菌を種付けする。醤油用麹菌はインターネットで簡単に手に入る。

⑤麹の温度管理。通常72時間で出麹（完成）となる。40℃を超えると納豆菌が繁殖するので、注意する。米袋に④を入れ、電気毛布で温度管理したが、温度がどんどん上がってしまい（とくに後半）、下げるのが大変だった。昼夜を問わず、温度が低い廊下に置いたり、外気に当てたりして、温度を下げた。

⑥塩水をつくる。塩7・5kgに水25ℓで、塩分23%の塩水ができる。

⑦仕込み。樽に塩水と麹を入れてかき混ぜる。

⑧もろみの管理。夏は毎日、夏以外は週に2回かき混ぜる。

⑨搾り。醤油搾り機は自作した。

⑩火入れ。80℃で10分間加熱する。

3 これから取り組みたい農産加工

まだまだつくりたい農産加工品がたくさんある。忙しくて時間が取れず、挑戦できていないものが多いが、なんとか時間を捻出していきたい。

第一に酢。日本酒からは米酢、柿がたくさん採れれば柿酢、ワインからはブドウ酢ができる。酢は料理に日常的に使うから、自分でつくってみたい。一回だけ柿酢をつくってみたが、とても美味しかった。

第二に、大麦を栽培して麦茶に加工したい。夏の暑いときに飲む麦茶が自家製だったら、どんなに嬉しいだろうか。

第三に、豚を飼育して、ハムやベーコン、ソーセージなどができたら最高だろう。市販のハムやソーセージが食べられなくなるほどの美味しさかもしれない。その際は燻製も自分でやってみたい。

第四に、農産加工と呼べるかどうかは分からないけれど、油も自給したい。菜種やエゴマ、ヒマワリなどを栽培して、油を搾るのだ。

夢は膨らむばかりだけれど、少しずつ取り組んでいきたい。

〈お勧め文献〉

①永田十蔵『誰でもできる手づくり味噌——はじめてでもできる極上の味』農山漁村文化協会、2008年。

②平野雅章・永山久夫『豆腐・納豆あれもこれも』雄鶏社、1989年。

③永田十蔵『わが家でつくるこだわり麹——米・豆・麦から雑穀まで』農山漁村文化協会、2005年。

④永田十蔵『わが家でできるこだわり清酒——本格ドブロクも指南』農山漁村文化協会、2006年。

⑤アドバンストブルーイング『自分でつくる最高のビール』マイナビ出版、2016年。

⑥永田十蔵『誰でもできる手づくりワイン——仕込み2時間2か月で飲みごろ』農山漁村文化協会、2006年。

⑦高千穂辰太郎『趣味の焼酎つくり』農山漁村文化協会、2003年。

⑧中村源蔵・朝長誠至・佐多正行『わが家の農産加工——手づくりの味を楽しむ』農山漁村文化協会、1970年。

第3章 自分たちで建てた土壁の家

ハーフビルドで建てた土壁の我が家

1 ハーフビルドは難しくない

家もなるべく自分たちで建てたい

就農時に借りた古民家にずっと住むだろう、とぼんやり考えていた。ところが、２人目の子どもが生まれたころに、狭い我が家を見かねた私の両親に、家を建てることを勧められた。家を建てると言えば、最大の問題は資金だが、ありがたいことに両親が貸してくれると言う。

周囲には、家をセルフビルドで建てた有機農業仲間が数人いる。すごいとは思ったけれど、自分には無理だと考えていた。でも、徐々に、もしかしたら自分たちにもできるかもしれないと思い始める。家を建てることが現実的になり、真剣に考えだしたから、できると思えるようになったのかもしれない。

結局、自分たちでできる部分を施工すれば安く建てられるという父親の提案もあり、ハーフビルドを気軽に選択する。お金があまりないのだからハーフビルドは当たり前という雰囲気さえ、私たちと両親の間にはあった。なお、セルフビルドは自力で家を建てること、ハーフビルドは重要なあるいは危険なところ（基礎工事や屋根工事）はプロが施工し、残りの半分くらいを自分たちで建てることを意味する。

ちょうど父が定年退職を迎えたところで、手伝うと約束してくれた。父は地方公務員だったが、日曜大工のような仕事を苦にしない。２人で力を合わせれば1年で完成するのではないかと、安易に考えた。ただし、間取りを含めた設計はプロに頼んだ。「幸福を生む住まい」という考え方（本章２参照）を土台にして、建てたかったからである。

父が手伝ってくれなかったら完成しなかっただろう

最初に我が家の特徴を述べると、次の4点だ。①幸福を生む住まい、②ハーフビルド、③竹小舞下地の土壁、④自然エネルギーの利用。

設計を相談していくうち、初めに考えていたよりも大きな建物になった。延床面積は母屋の50坪に加えて、将来研修生を育てる計画があったので研修棟が15坪、合計65坪だ（約２１０㎡）。40坪前後の家が最も多いというので、その１・６倍にもなる。この広さの仕事量は半端ではなく、結局５年もかかった。予定の5倍というわけだ。

母屋は規模が大きいので、プロに任せるべきところは任せた。基礎（家が地面と接するコンクリートなどの部分）、土台や梁（はり）、柱などの構造材の手刻み（カンナ、のこぎり、ノミなどによる加工）、瓦の屋根工事を頼んだ。それ以降の仕事は、父と私でコツコツ行った。床や壁、天井をつくり、建具工事、左官仕事、給排水設備工事、電気工事、家具づくりなどをこなしていった。文字どおりのハーフビルドである。

一方、研修棟は構造材のプレカット（工場で事前に切断や加工）以外は、ほぼセルフビルドだ。基礎も自分たちで施工し、上棟（骨組みの組み立て）は有機農業仲間や親、兄弟など7人を集めて1日で完了。屋根はトタンを自分たちで葺いた。屋根工事は、2人で4〜5日かかったと記憶している。その後の工事は、すべて自分たちで行った。

本で知識を得る

セルフ（ハーフ）ビルドにあたっては、どのようにして建てるかの知識がとても重要である。手順、材料、道具について一通り知っていなければ、とてもできない。

私は建築関係の学校に行ったわけではないので、専門知識が全くなかった。そこで、勉強するために次の2冊の本を何回も読んだ。

①『100万円の家づくり』（小笠原昌憲、自然食通信社、2001年）

②『自分でわが家を作る本』（氏家誠悟、山海堂、２００６年）
どちらも、全くの素人が家を建てた経験が書かれている。基礎のつくり方、構造の話、壁や床のつくり方、屋根の張り方など、とても詳しい。給排水設備工事や電気工事に必要な道具も含めて、広範囲にわたって紹介されている。

素人が書いた本だからこそ、私のような素人が読んでも理解できる。類似の本は多いけれど、この2冊が具体的で分かりやすかった。そして、何度も読んでいるうちに勇気が湧いてくる。自分にもできるように思えてきた。家を建てるにあたっての疑問はいろいろあったが、その多くが解決した。この2冊を熟読すれば、専門書を読んでも分かるようになる。

続いて、木工や構造、左官、電気などについて、専門書を頼りに勉強した。ちょうど、古本がインターネットで安く手に入りやすくなったころだ。お陰で専門書を読むハードルが大幅に下がり、ありがたかった。後で役に立つと思うと、知らない世界を勉強するのは楽しい。

もちろん、本を読んだだけでは分からないことがある。そのときは、近所の大工さんに教えてもらったり、セルフビルド仲間に聞いたりした。幸い、すでにセルフビルドで家を建てたり、建てている途中の有機農業仲間が、栃木県内や隣の群馬県にいた。有機農業をとおして知り合った彼らの存在は、精神的にも助けられたし、情報交換にうってつけだった。

電動工具があれば鬼に金棒

知識と同様に道具も重要である。現在では、さまざまな電動工具が販売されている。それらを使いこなすことがセルフビルドの近道になる。電動工具のおかげで、セルフビルドのハードルは間違いなく下がった。簡単に言えば、材料を直角に切断したり、まっすぐな穴を開けたりできれば、壁や床の施工のみならず、建具工事や家具づくりまで可能である。そして、「それなりの出来でいいとすれば」という限定付きなら、電動工具があれば腕はいらない。

もちろん、カンナを使いこなせなければ、プロのようにきれいに仕上がらない。ノミを使う必要があるかもしれない。とはいえ、電動工具だけでも、それなりにきれいには仕上がる。パッと見た感じは、多くの人には分からないようだ。

したがって、家の造作(ぞうさく)(建物の内部の仕上げ工事)であれば、電動工具でほとんどの仕事ができる。しかも早い。たとえば、**丸ノコ**と**丸ノコガイド定規**があれば、誰でも簡単に直角に材料を切断できる。また、**カクノミ**があれば、誰でも簡単に垂直の四角い穴が開けられる。さらに、**仕上げ溝切り**があれば、まっすぐできれいに鴨居や敷居の溝が掘れる。

そのうえ、高価な電動工具もネットオークションで中古品が安く手に入る。家の建て方やどこまで自分でこなすかによって、必要な電動工具は違うので、必要に応じてそろえればよい。

私の場合は、**丸ノコ盤**、**ルーターテーブル**なども購入した。丸ノコ盤は材料を同じ幅に切ったり、建具をつくる際に大いに役立つ。ルーターテーブルは材料の細かな加工に使用した。また、家づくりが終わって必要がなくなった電動工具は、ネットオークションで販売すればよい。中古品は、買ったときと同じような値段で売れる可能性が高い。実際に私は、不要となった道具はネットオークションで販売した。

セルフビルドの予算と時間

予算と時間も、知識と道具と同じくらい重要である。

当たり前の話だが、予算がなければ家は建てられない。ハーフビルドの場合でも、どこまでプロに依頼するかによって予算は変わる。我が家の場合、通常の建築費用の３分の１程度で、母屋の坪単価は30万円だった。セルフビルドなら、もう少し安かっただろう。

時間の確保は、けっこう難しい。私の場合は、思い切って田んぼと畑を４年間休んだ。そして、ほぼ毎日、仕事のように家を建てていった。建築中は卵の生産と販売で食いつないだ。恥ずかしい話だが、足りない生活費は親に借りた。仮に田んぼと畑を休まなければ、10年かかっても完成しなかったかもしれない。

家を建てる時間を確保しようとすると、生活費の工面という問題が避けられない。逆に、生活費を稼ぎながら建築作業を進めようと思うと、なかなか時間がとれない。いつまで経っても家が完成しないだろう。

実際に建ててみて、予算と時間について感じたことがある。まず、予算はある程度計算できる。基礎と刻み(ほとんどはプレカット)と屋根を見積もり、壁と床の面積を割り出して単価計算をすれば、予算はある程度まで計算できる。一方、時間のほうは難しい。たとえば、外壁の杉材を張るのに3週間と予想したが2カ月かかったし、廊下のフローリング工事は1週間と考えていたけれど2週間かかったりと、当てにならなかった。これについては、参考になる資料もあまりない。

実感として、あらかじめ考えているよりも時間がかかる作業が多かった。研修棟は、基礎から完成まで9カ月かかっている。母屋は4年を要した。父は週の半分程度、私はほぼ毎日のように作業して、この日数である。

セルフビルドに取り組んだ人たちの話を聞いていると、建築中に体を壊したという声が多かった。想像以上に進まないので、焦って無理をして作業するからにちがいないと私は考えている。こうした経験談を聞いてからは、何があっても焦らないようにと言い聞かせて作業した。

建具も手づくり

ガラス戸、玄関引戸、網戸などの建具も手づくりした。

木製建具は見た目がいいし、家の気密を下げるのに最適だ。ぜひ設置したかった。ただし、セルフビルドで建てても、建具まで手づくりする人は珍しいようだ。アルミサッシが安く手に入るし、施工も早い。一方、木製建具をつくるには技術と時間が必要だ。

それでも、工夫すれば可能だと思ったし、木製に憧れていたので、諦めきれなかった。結局、プロに依頼するほどの予算的余裕はなかったので、手づくりを選択。すべて木製では時間がかかりすぎると自分なりに判断して、アルミサッシも一部に使ったが、要所要所は木製建具にした。居間や玄関、土間などで、国産のヒメコマツやスギを用いている。

建具づくりの知識も本から得た。次の２冊がとても参考になったので、紹介したい。

①『木製建具デザイン図鑑』（松本昌義・新井正・木製建具研究会、エクスナレッジ、１９９９年）

②『初めての家具作り』（加藤晴子、山海堂、２００４年）

①は建具の基本的な知識から細かい部分まで説明している。②は素人の著者が、いかに道具と知識を活用して家具をつくったのかを具体的に教える。材料の選び方から、道具の使い方、計測の仕方など非常に参考になった。

建具づくりは家の造作作業と違って、コンマ1ミリの世界だ。いや、1ミリのずれは大きすぎる。これは家具も変わらない。ここで家具づくりの本も紹介したのは、共通項が多いからである。

コンマ1ミリの世界も、知識と道具があれば挑戦できる。**ノギス**を使えば、コンマ1ミリまで測定できる。**墨付け**（木材を加工する際の印を付ける）には鉛筆では太すぎるので、**筋罫引き**（すじけびき）を使い、ナイフの細い線で印を付ける。**自動カンナ**（電動工具）なら、コンマ1ミリ単位まで材料を削ることができる。

また、材料を加工する前に、材料自体が直方体になっていなければならない。平行四辺形ではダメなのだ。平行四辺形では、まっすぐ穴を開けようと思ってもうまくいかない。このとき、**手押しカンナ**と**自動カンナ**があれば材料を直方体にできる。

建具をつくるには建具材を用いるが、反（そ）ったり曲がったりしにくい木材を使わなければならない。反ってしまうと、引き違い戸の場合は障害になりやすい。

木材には板目と柾目（まさめ）があり、建具材は柾目である。刺身で言えばトロの部分で、木材のなかでも一番良い部分が使用される。狂いにくいように、比較的樹齢の高い木を製材することが多いようだ。高樹齢の木であれば、目が詰まっていて収縮しにくいからである。こうした木材は建具材屋さんから購入する。

ガラスは取り壊す家からアルミサッシをもらってきて、必要な大きさに切断して使った。

プロがつくる建具よりもいくつかの部分を簡素化しているが、今のところは全く問題ない。

これからも大丈夫なことを願っている。

大工と農家のそれぞれの良さ

大工の仕事をしてみて、大工と農家の良さを比較できた。
大工仕事は形に残るところが良い。床でも壁でも、壊さないかぎり自分の仕事が半永久的に残る。壁や天井を見て、その苦労を思い出すこともできる。木の香りをかぐことができるのも、大工仕事の大きな魅力の一つである。どの木も良い香りだが、種類によって香りは全く違う。杉は爽やかな香りがするし、ヒノキは清々しい香りがする。赤松、唐松、青森ヒバなども、いい香りだ。ちなみに、我が家ではヒノキは主に敷居に使用し、青森ヒバは浴室の壁や天井に用いた。

一方、農家の良さは冬の農閑期に自分の気持ちをリセットできることだ。大工の場合はいったん仕事が遅れると、全工程に遅れが波及する。1カ月で終わると思っていた仕事が3カ月かかれば、家の完成は2カ月延びる。農家の場合、たとえば収穫に手間取って種播きができなければ、季節は通り過ぎていってしまう。誰のせいにもできない。仕事がどんどん遅れるという感じではなく、一定の区切りがある。

農家の仕事は1年単位が多い。春・夏・秋・冬で仕事が違う。季節に合わせた仕事で、たいていは春と夏が最も忙しい。冬は仕事が減り、働く時間も短くなって、ゆっくりと過ごすことができる。農作物の栽培でいろいろと失敗もするが、農閑期に気持ちをリセットして、また新たなシーズンも頑張ろう、と気持ちを入れ替えられる。農閑期のあるおかげで、毎年頑張れる気がする。

臨時的に大工の仕事をしなかったら、こうした農家の良さを実感できなかったかもしれない。今後、農閑期は気持ちを入れ替える大切な時期と認識して、上手に利用していきたい。

2 幸福を生む住まい

幸福(しあわせ)を生む住まいとの出会い

ハーフビルドの方針は決まったものの、どのような家にすればいいのかには悩んだ。とくに設計が分からなかったが、いろいろな本を読み漁っていたときに、ある勉強会に出会った。福島県南会津町の㈱オグラ・幸林ホームという工務店が主催する「幸福(しあわせ)を生む住まい」の勉強会である。佐野市内の自然食レストランで5回開かれ、楽しみにしながら毎回通った。

オグラ・幸林ホームは、幸福を生む住まいを土台にした家づくりを行っている。参加者はその基本的な考え方を学んだ。

幸福を生む住まいとは、大工職人の冨田辰雄氏が確立した住宅理論である。多くのハウスメーカーや工務店は、いかに気密と断熱を高められるかを競い合って住宅を建てている。冨田氏は、その高気密・高断熱住宅を真っ向から批判する。冨田氏によれば、「住まい」とは単なる「建物」ではなく、「環境」である。どのような家を建てれば家族に良い影響や感化を与えられるかを研究し、健康のみならず、人格や性格などにも住まいが影響を及ぼしているという。

人間は、住まいの環境で変わる。孟子は「居は気を移す」と言い、ソクラテスは「家庭は人間形成の場」だと述べている。住まいが家族に与える影響は、私たちが考えているよりもずっと大きい。

冨田氏は、「間取り」と「窓のつけ方」と「素材の使い方」によって、幸せの条件を住まいに組み込み、「末永く家族が幸せに暮らす」ためには次の5つの条件が必要だと述べる。

①家族が心身ともに健康である、②家庭が平和で安心な生活である、③生活に足りる家庭経済が保てる、④子どもがよい社会人に育つ、⑤毎日の生活が快適である。

これらを私が理解した言葉で説明すると、光・風・土の恩恵を取り入れ、日本の伝統的な木造軸組構法(柱や桁(けた)、梁といった軸組で支える工法)や自然素材を用い、人間がいかに健康に暮らしていけるかを考えた住まいである。昔の住まいの良いところをふんだんに取り入れたうえで、現代の技術も活かした住まいと言ってもよい。

「間取りは住宅を建てる土地の気候風土を綿密に調査して、自然の恩恵を効果的に住宅のなかにとりいれる仕組みをしなければなりません」(冨田辰雄『幸福をもたらす住宅の条件』日本住宅新聞社、1985年、176ページ)

具体的には、太陽光線の特質を考慮し、風の流れを意識して、間取りや窓の位置や大きさを決める。そして、コンクリートや石油製品などの地下資源を多用せず、日本の伝統的住宅に多用されている自然素材である木・土・草を用い、日本の風土に培われてきた木造軸組構法で建てる。私はこの家づくりの考え方に感動した。

農業の世界では、農薬や化学肥料を駆使して栽培に邪魔なものを排除し、効率的な生産を目指す農業(慣行農業)が一般的だ。住宅業界では高気密・高断熱を競い合い、人工的な冷暖房の効率を優先した、自然を拒絶する家づくりになっている。農業の世界も住宅業界も、同じような考え方に基づいているのだ。

一方、幸福を生む住まいの考え方は、有機農業的な価値観そのものである。光・風・土といった自然の恩恵を上手に取り入れる。自然を拒絶するのではなく、自然の恩恵を味方にする。残念ながら、有機農業が広まっていないのと同様に、幸福を生む住まいも一般的な家づくりとはなっていない。私は幸福を生む住まいの良さを多くの人に知っていただき、どんどん広まっていってほしいと願っている。

太陽光線を上手に取り入れる

光の恩恵を最大限に利用した設計が、幸福を生む住まいの大きな特徴のひとつである。ところが、最近の住宅は人工的な冷暖房の効率を優先して、間取りや窓の付け方を考えることが多い。

太陽光線には、三つの特質の異なる光線がある。紫外線、赤外線、可視光線だ。幸福を生む住まいでは、それぞれのメリットとデメリットを上手に利用する。

紫外線は朝日に含まれていて、殺菌効果がある。したがって、台所や食堂に取り入れるように間取りを考える。毎日食べものを扱う台所は紫外線で消毒できるのだ。冷蔵庫が普及する以前の住宅の多くは、食料が腐らないように、台所を北側に配置した。だから、昔の家の台所には、暗くて寒いイメージがある。これに対して現代は冷蔵庫が普及しているので、朝日がふんだんに入る場所に台所を配置するほうがよい。活力みなぎる朝日によって、明るく元気に朝食の準備ができる。

赤外線は西日(夕日)に含まれていて、暖める効果がある。そこで、老人が過ごす部屋に西日

（赤外線）が入るような間取りにする。これで、暖かな老人室になる。一方、赤外線には、バイ菌を繁殖させ、さまざまなものを腐敗させるというデメリットがある。そのため、台所に西日（赤外線）が入らないような間取りにする。

可視光線は明るさを私たちにもたらす。ただし、住宅において明るさはすべてメリットをもたらすとは限らない。たとえば、居間は明るく元気に過ごしたい空間なので、なるべく光が入る間取りにするほうがよい。子ども部屋も日当たりが良いほうがよいと考える方が多いだろう。しかし、冨田氏は次のように述べている。

「昔から『子育て窓は北窓』とされてきました。（中略）北窓の部屋は直射の日照もなく、光線の変化が少なく目にやさしい明るさを保ちます。そのために冷静な気持ちを持続し、堅実な精神が育まれます」（冨田辰雄『棟梁辰つぁんの住宅ルネサンス――今の住宅は家庭と国を滅ぼす』光雲社、１９９８年、１７０ページ）

子ども部屋は必ずしも日当たりが良い必要はなく、北窓に面した部屋が理想だと言う。

我が家も、台所には朝日が入るように設計してもらった。老人室は西日が入る間取りになっている。二階は子ども部屋と夫婦が寝る主寝室を配置し、主寝室に朝の光が入って気持ちよく目覚められるようにした。

通気・通風の良い住まい

現代の住宅の主流が高気密・高断熱なのは、人工的な冷暖房の効率を最優先に考えているためだ。しかし、そのデメリットも大きい。人間が生きていくには新鮮な空気が必要だからである。

幸福を生む住まいは、気密や断熱を下げて、通気・通風の良い住まいを推奨する。気密や断熱を高めようと思えばいくらでも高められるが、あえて下げる。もちろん、下げれば下げるほど冬は寒くなるので、ほどほどにしなければならない。

通気とは酸素が多い外気を自然に供給することであり、通風とは窓を開けて室内に風を通すことである。通気の良さは、健やかに生きてくために欠かせない。たとえば、寝室を考えると分かりやすいだろう。高気密・高断熱住宅では酸素が入れ替わりにくいため、自分の吐き出す二酸化炭素が部屋の下の層に溜まり、酸素不足になりやすい(図1)。その結果、心臓や肺に負担がかかりやすい。

通気の良い住まいでは、そうはならない。寒くならない程度に、隙間風を含めて空気の流れを良くすれば、健康に暮らすことができる。寝室で安眠するためには、通気の良さが必要なのだ。私は外泊すると、息苦しさを感じながら寝る場合がある。きっと気密が高くて、新鮮な空気が入りにくいからだろう。そうしたとき、我が家の良さを実感する。

図１　通気の良い住まいと悪い住まい

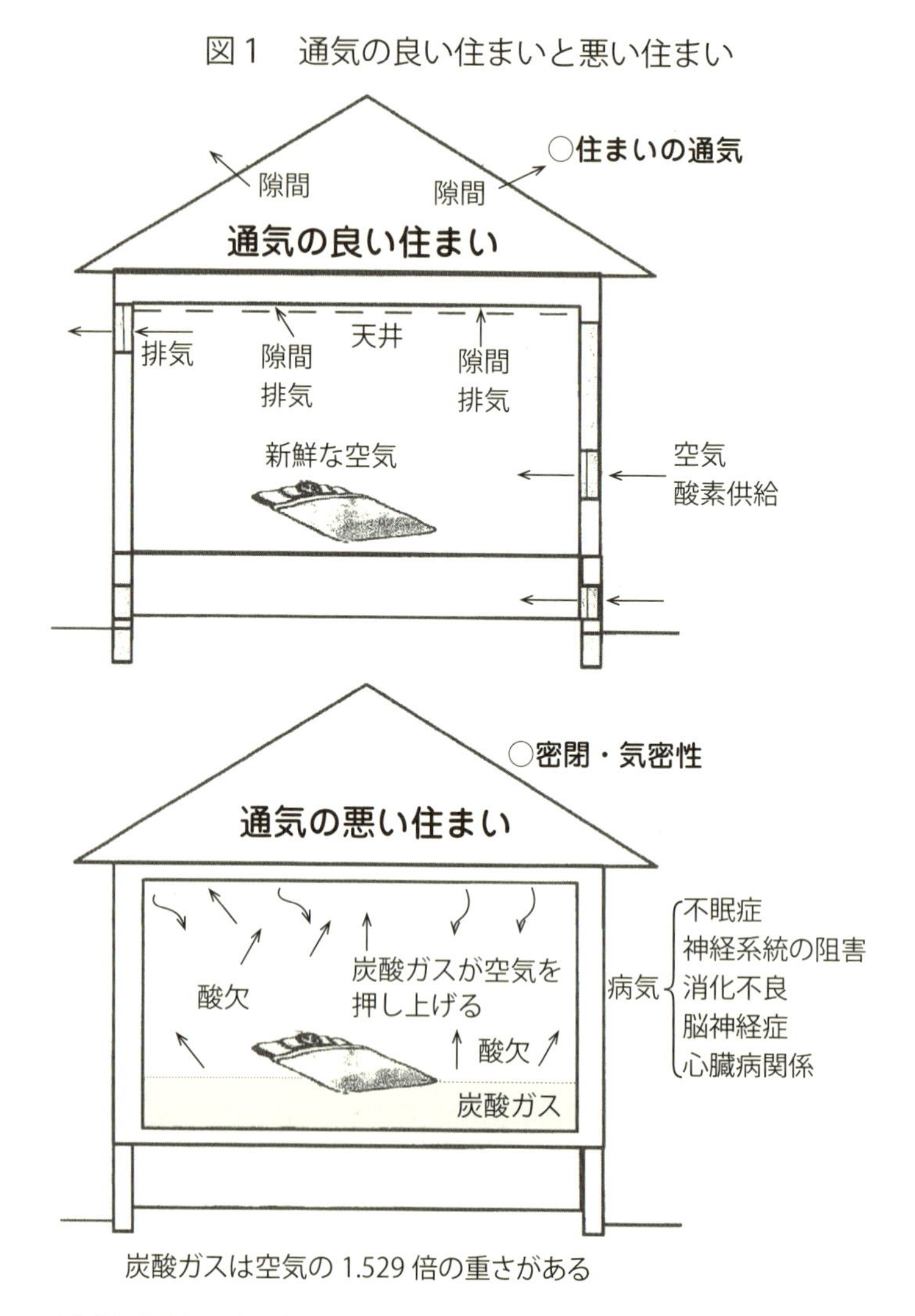

（出典）「通気の良い住まい・悪い住まい」。

南向きの面にはすべて欄間を設けた

通風の良い住まいでは、窓を開けて風を入れれば、夏でも冷房なしで快適に過ごせる。冷房を使ったように涼しくはならないけれど、自然な爽やかな風がさっと吹き込むのはなんとも気持ちが良い。冷房では味わえない気持ち良さだ。

オグラ・幸林ホームは、どのような間取りにすれば通風が良くなるかを考えて設計する。東西・南北に十字の風の通り道をなぞった設計図を、何度か見せていただいた。

また、我が家では、南向きの面はほぼすべて、欄間(天井と鴨居との間の開口部)がついている。夏の雨の日は大きなガラス引き戸を開放したままにすると雨が吹き込むので、開け放しにはできない。そのときも欄間だけは開放したままにすれば、風が通る。したがって、雨の日でも涼しく過ごすことできる。

大きな窓の下に小さな窓がある二段窓

さらに、台所には二段窓といって、大きな窓と小さな窓を設置した。この窓で、微妙な風の調整が容易にできる。台所は、家庭の中心である主婦が最も長くいるところだろう。主婦が元気に明るく過ごせるかどうかは、台所のつくり方で大きく変わる。二段窓は、そのための工夫のひとつだ。

このように、自由に開口部を設けられることは日本の伝統的な軸組構法の良さである。壁や床といった面で構成する構法ではなく、軸組で支える構法だから、ある程度自由に開口部を設けられる。最近人気のログハウスは、開口部を設ける際の制限が多い。壁工法だから、開口部を多く取りすぎると強度が保てなくなるのだ。

日本の気候は高温多湿なので、通気・通風をできるだけ良くしたい。そのためには、ある程度自由に開口部を設けられるほうがいい。軸組構法は日本に適した工法である。

なお、軸組構法では最初に屋根まで施工する。雨が多い日本では、屋根を比較的早めに施工し、以後の仕事を屋根の下で行うほうが向いている。ログハウスは最後のほうに屋根を施工するので、雨の多い日本には向かないつくり方だ。

土の恩恵を味方にする

最近の住宅建築では、床下をすべてコンクリートで覆う「ベタ基礎」が多い。だが、床下が土ではないベタ基礎は、土(大地)の恩恵を拒絶してしまう。

光や風の恩恵はなんとなく理解できるけれど、土の恩恵とは何?と思う読者が多いかもしれない。しかし、地面の中には地殻エネルギーがあると言われている。オグラ・幸林ホームの資料には、次のような記載がある。

「民家には必ず土間がありましたが、昔の人は体の調子が悪いと土間に藁を敷き寝たそうです。また、ヨーロッパでも夏、裸で地面の上(芝生)に直接寝て、毛布を上からかぶって睡眠をとるという治療法があります」

宮崎駿のアニメ『天空の城ラピュタ』では、主人公のシータがこんなセリフを言っている。

「どんなに恐ろしい武器を持っても、たくさんのかわいそうなロボットを操っても、土から離れては生きられないのよ!」

土と人間は密接な関係にあり、土には人間の体の調子をよくする力がある。したがって、床下は土がむき出しになっていることが重要なのだ。

光や風と同じように、土(大地)の恩恵も取り入れることは、幸福を生む住まいの特徴のひとつである。だから、基礎を布基礎とする。布基礎とは、地面のすべてを鉄筋コンクリートで覆わない構造である。「立ち上がり」と呼ばれる住宅を支える部分だけが鉄筋コンクリートとなり、床下は土がむき出しになる。ゆえに、土(大地)の恩恵を受けやすい。

地震が多い日本では耐震性を考慮して、ほとんどの住まいでベタ基礎が採用される。施主もベタ基礎のほうが安心するのだろう。しかし、耐震性の面でも布基礎で問題ない。布基礎で100年や200年もつ民家や社寺仏閣などが、その事実を証明している。特別軟弱な地盤でないかぎり、布基礎で大丈夫だ。

シロアリ対策を考慮して、ベタ基礎を採用する場合も多い。ベタ基礎のほうが布基礎よりも乾燥すると考えられているからだ。だが、シロアリ対策も布基礎で十分に対応できる。シロアリは湿気の多いところを非常に好む。したがって、床下の通風を良くし、乾燥させればよい。基礎内部の地面を外の地面よりも10センチ以上高くとり、通風を考慮すれば、床下を乾燥させられる。しかも、この方法であれば、薬剤は必要ない。薬剤を使えば、人間への影響を常に危惧し続けなければならない。

我が家も当然、布基礎を採用した。ベタ基礎全盛の時代に布基礎で施工するのは、ほんの少しの勇気が必要かもしれない。いろいろな人に、なぜベタ基礎ではないのかと聞かれた。オグラ・幸林ホームの資料では、こう書かれている。

「床下を住環境としてとらえ、住む人に良い影響を与えるにはどうあるべきかの発想が重要である」

伸び縮みする自然素材で家をつくる

今日では鉄やコンクリート、無機質資材（ビニールクロスの壁や塩化ビニールのドアなど）といった地下資源を利用した素材で囲まれた家を建てることが多い。柱や土台、梁などの構造材は木材であっても、天井や壁は一面のクロス張り、床は化学合成資材、窓枠は塩化ビニールという家も少なくない。しかし、光、風、土の恩恵を得るのに加えて、地上資源である自然素材の利用も大切である。日本では古来より、自然素材である木・土・草で家を建ててきた。

あまり知られていないけれど、住宅に使われる資材が伸縮性を持つことが重要である。木のような自然資材は伸び縮みし、隙間から外気を取り入れる役目を果たす。すでに述べたように、外気を取り入れれば通気の良い住まいになる。自然素材の伸縮性はデメリットとして捉えられているかもしれないが、実は伸縮性は大きなメリットである。

ところが、最近は一般的に木材を人工乾燥して使う。乾燥の時間を短縮するためだが、人工乾燥すると木材が無機質化してしまい、良い匂いが半減する。これでは伸縮性というメリットを享受できない。人工乾燥した木材は、基本的に使うべきではない。ただし、人工乾燥を全否定しているわけではない。

「人工乾燥は長く天日乾燥しておいた木材の最後の水分を飛ばすような限定的に使うべき方法だと言えます」（オグラ・幸林ホームの資料）

木材の優れた特性は、居住者と環境に多くの幸福の条件をもたらす。

第一に、心が安らぐ。香りや手触り、木目や質感によって、リラックスできる。木材には人間の心に良い影響を与える力がある。私は室内の柱や壁、天井などの木目を見ていると、なんだか気持ちが落ち着く。

第二に、調湿作用があるから、部屋の壁や床に使うと湿気をコントロールする。冨田辰雄は次のように述べている。

「柱（10・5センチ角で長さが3メートル）は、梅雨期では1900ミリリットル（ビール大びん約3本分）の水分を吸収し、冬の乾燥期は300ミリリットルまで水分を放出します」（『幸福を生む家の建て方――ベテラン棟梁が明かす「とっておきの智恵」』ＰＨＰ研究所、1997年、79～80ページ）

我が家も国産の木材をふんだんに使って建てた。柱には杉、土台に唐松と栗、梁は赤松、床材に赤松と唐松を使用した。多くの樹種を適材適所に使い分けると良いそうだ。赤松は曲げに強いといわれ、上からの力がかかる梁にもってこいなので、梁には赤松を使った古民家が多い。土台には水に強い栗、柱には曲がりが少ない杉がよいといわれる。

壁は竹小舞下地の土壁でつくった。土にも調湿作用があり、夏には湿気を吸い、冬には湿気を吐き出し、空気中の湿度をコントロールする(土壁については本章３参照)。

外壁には杉板を使用した。杉板には防腐剤を塗ったかとよく聞かれる。防腐剤を施さない無垢の木材ではあまり耐久性がない、と考える人が多いのだろう。もちろん、防腐剤を塗ったほうが耐久性は上がる。これは事実だ。ただし、５〜10年ごとに塗っていく必要がある。にもかかわらず、このメンテナンスをほとんどの人ができないそうだ。塗るためには足場を築かなければならず、費用がかなりかかる。

我が家では、防腐剤に類するものを一切塗布していない。耐久性を考慮したい場合は、焼き杉を外壁に採用するという方法がある。私たちは焼き杉を自ら加工することを検討したが、時間と手間がかかるので断念した。

草から生まれる畳のメリット

畳は稲ワラとイ草でできている。畳のメリットは高い断熱性能と調湿機能、さらに空気の浄化機能だ。畳が断熱性能を発揮できるのは、稲ワラの隙間やイ草の中の細かい穴が空気層となるからである。また、一枚で約５００ccの水分を吸収するといわれるほどの調湿機能がある。

空気の浄化機能については、オグラ・幸林ホームの資料で次のように述べられている。

「床下の空気が対流により引っ張られ畳の中を通り抜ける過程で浄化され、マイナスイオン化します。『藁の中を通った空気は薬である』と言われるように、良い空気が部屋中に満ち、天井板の隙間から抜ける……これが日本古来の和室の空気浄化システムです。(中略)畳は音もなく電気代もかからずこのような働きをしてくれる素晴らしい床材料です」

だが、同じ畳でもウレタンフォーム(合成ゴム)が入っていたり下地がコンパネ(コンクリートパネル)になっていたりすると通気を妨げるので、この浄化機能の恩恵を得られない。また、防虫加工のために薬剤処理された畳も多い。こうした畳は空気汚染の原因となる。薬剤ではなく、加熱処理による防虫加工を施した畳を選ぶとよいそうだ。

さまざまなメリットがあるにもかかわらず、日本では畳離れが顕著で、畳の部屋の減少が止まらないらしい。残念なことだ。畳を活用する人がもっと増えてほしい。

我が家では畳の恩恵を得たいと思い、なるべく畳を使った。居間も老人室も子ども部屋も畳だ。畳を使っていないのは台所や廊下、食品室、洗面所だけである。

長期的には決して高くない

自然素材の良さは分かるが、費用が高くて採用が難しいという声もある。だが、日本の住宅の平均寿命は30年程度といわれる。これは耐久性が低いからではなく、持ち主が壊してしまう場合が多いらしい。住宅は壊れるのではなく、短命のうちに壊されている。末永く住みたいと思えるような住宅ではないから、壊されていくのではないだろうか。自然素材に囲まれた住まいであれば、住み続けたい家になるにちがいない。

自然素材をふんだんに使用して家を建てる場合、一時的にコストが高くなったとしても、長い目で見た場合には安くすむのではないだろうか。

ここまで読んでいただいて、「幸福を生む住まい」の考え方に基づいた家を建てたいと思われた読者がいるのではないだろうか。その際は、この考え方を取り入れた工務店でなければ、光や風や土の恩恵について理解してもらえない。

冨田辰雄氏は幸福を生む住まいを広めるために、ホーミースタディグループ（本部〒１０５－００１４東京都港区芝2丁目26－5、電話03－３４５１－２４４５）を設立した。各地の工務店が加盟しているので、お近くの工務店に相談してみるといい。住まいづくりの勉強会も随時、開催している。我が家がお世話になったオグラ・幸林ホームも加盟していて、関東地方を中心に施工している。

これからの家づくりの基本的な考え方が、幸福を生む住まいになってほしい。そして、幸福に暮らす人びとが増えていくことを期待したい。幸福になるための仕組みや考え方は、私たちの目の前にある。

3 憧れの竹小舞下地の土壁の家

どうしても土壁の家にしたい

骨組みは伝統的な木造軸組構法、屋根は瓦とすぐに決めたけれど、壁をどうするかは迷った。

厚い板材を用いて壁をつくっていく「板倉」と呼ばれる方法や、オグラ・幸林ホームが推奨していた「ホーミーやしろ壁」など選択肢がいくつかあったが、土壁への憧れが強かった。伝統的な構法で、調湿作用があり、再利用可能というイメージからだ。

一方で、自分たちには無理だろうと思っていた。高度な技術を要するだろうし、最近は土壁の家を建てる人はあまりいない。それでも、土壁への思いを断ち切れない。調べてみると、いろいろな壁のなかで、土壁は施工してもらうと一番コストがかかるが、自分で施工すれば逆に一番安い。なぜなら、左官工事の金額は昔から「材料二分に手間八分」といわれてきたからである。材料代はあまりかからないのだ。

考えていても仕方がないので、左官に関する雑誌（『土と左官の本４』２００８年12月号）に掲載されていた左官屋さんに手紙を書き、おそるおそる電話した。

「土壁の家をどうしても建てたいのですが、土壁を施工していただくほどのお金はありません。どうすればいいでしょうか」

すると、その左官屋さん（東京都練馬区の加藤左官工業）が「土壁の家を建てたいと若い人がせっかく言っているのだから、力になりたい」と快く応じてくれたのだ。ものすごく嬉しくてたまらなかったことを今でも覚えている。土壁の家が一気に現実的になった。加藤左官工業は皇居の大手門など文化財の仕事も数多く手がけており、伝統的な竹小舞下地の土壁を中心に施工しているという。コストがかかる土壁でも、大都会の東京にはニーズもあるのだろう。

それから加藤信吾親方にお会いして、話を聞いたり、土壁の施工現場を見学したり、手伝わせてもらったりして、土壁について勉強していった。親方によると、荒壁（最初に塗る壁）までは自分たちで可能だが、中塗りと漆喰（しっくい）などの仕上げ塗りは素人では難しいという。また、要所要所で荒壁づくりの指導に行くとおっしゃり、材料入手の相談にも乗っていただいた。親方に指導に来ていただいたのは次の3回である。
①土と稲ワラを混ぜるとき。
②竹小舞を掻く(編む)とき。竹小舞は土壁の下地で、細長い竹を格子状に組んでいく。
③実際に土壁(荒壁)を塗るとき。

美しい竹小舞を掻く

まずは土の用意。粘土を使う。「土壁に使う土は瓦を焼く土と同じだから、瓦屋さんに相談してみてはどうか」と加藤親方に勧められた。そこで近所の瓦屋さんに行くと、すでに廃業していて、「在庫の粘土は好きなだけ持っていってよいし、代金はいらない」とおっしゃる。なんともありがたい話だ。

早速、油圧ショベル(バックホー)とそのオペレーターを手配して、4トンダンプ2台を1日だけリース。私と父でピストン輸送して、建設予定地まで粘土を運んだ。合計約20㎥。1m×1m×20mを想像するといいだろう。相当な量だ。油圧ショベルとダンプのリース代金でそれなりの金額になったが、購入した場合の半分程度で抑えられたのではないだろうか。

土壁用の粘土は、5センチほどに切った我が家の稲ワラと水を混ぜて発酵させる。自分で栽培した稲のワラが自宅の壁の材料の一部になるなんて、なんだかニンマリしてくる。ただし、稲ワラと水の混合割合は全く分からないので、加藤親方に指導していただく。大量なので油圧ショベルで混ぜるが、その扱いにあまり慣れていなかったから、少々大変だった。

なぜ、稲ワラを土と混ぜるのか。それは、稲ワラに付着している納豆菌のネバネバを利用して、粘土に粘りを出すためだという。加藤親方によると、発酵期間は最低3カ月、できれば1年くらいがよいそうだ。

竹小舞を掻くためには、まず竹を集めなければならない。大量の真竹（まだけ）が必要だった。加藤親方に孟宗竹（もうそうちく）ではダメだと教えられた。ちなみに、孟宗竹と真竹は節の輪の数で見分ける。孟宗竹は1本、真竹は2本である。

購入も考えたが、自分たちで用意。持ち主の許可をとって妻と父と私と3人で地元の竹林に入り、真竹を切り出した。作業は大変だが、竹林の中は爽やかな風が吹いていて、なんとも気持ちが良い。竹には切り旬がある。加藤親方によると、佐野市周辺では11～1月がベストだという。切り旬以外に切り出すと、虫が湧いてしまうそうだ。私たちは12月に切り出した。切り出した真竹は、竹割り器で幅1寸（30ミリ）～1寸2分（36ミリ）になるように割っていく。父がひとりでどんどん割っていき、約3000本という大量になった。

このほか篠竹（しのだけ）も必要だ。埼玉の実家周辺に篠竹が生えすぎて困っているところがあり、太いほうが人差し指くらいで長さ1・8mのものを切り出した。

壁を塗ってしまうのが惜しいくらいの美しい竹小舞
これもワークショップでつくった

竹小舞下地の土壁の家では、通常、4寸(12センチ)の柱に1寸(3センチ)の厚みのある貫（ぬき）(柱と柱を貫通して連なり、壁の下地になる水平材)を通し、その貫に竹小舞を掻いていく。一般的な住宅の柱は3寸5分(10・5センチ)なので、それより太い柱で設計しなければならない。

竹小舞を掻くときには加藤親方が来て、細やかに指導していただいた。真竹と篠竹に加えて、稲刈りに使うバインダーの紐を用いた。柱や桁といった構造材に穴を開けていき、そこに間渡（まわた）し竹(篠竹)を差し込んでいく(35センチ間隔)。間渡し竹と貫が交差したところは、釘で止める。この間渡し竹の間に4センチくらいの間隔で割竹(真竹を割ったもの)を配置し、バインダーの紐で縛る。

母屋も研修棟も竹小舞下地の土壁としたので、竹小舞ワークショップを開催し、参加者と一緒に作業する。インターネットや口コミで募ると、約70人もが集まった。竹小舞下地の土壁は本当に珍しいからだろう。

単純な作業だが、出来上がった竹小舞を見ると、なんとも言えない美しさだ。ビシッとそろった竹が細かな格子になり、その中を光と風が通り抜けていく。建築が専門でない私は、日本の伝統的建築の素晴らしさを垣間見た気がした。数十年前までは土壁が当たり前で、竹小舞はよく見られたようだ。いつまでも眺めていたいと思うほど、竹小舞は美しい。

みんなでワイワイ塗る土壁

竹小舞が終われば、次は土壁（荒壁）塗りである。竹小舞と同じくワークショップで行った。インターネットや新聞（記事として掲載された）などを通じて参加者が集まる。荒壁塗りまでは素人でもできる。力を使う作業もあるが、それほど難しくはない。

竹小舞と荒壁のワークショップを合わせて約10回開催し、延べ１６０人もが集まった。栃木県内のみならず、茨城県や埼玉県、東京都などから来た友人や知人、伝統的な土壁に興味をもつ人など、参加者はさまざま。驚いたのは、プロの左官屋さんが何人か手弁当で参加したこと

ワークショップでは、みんなで楽しく塗った

だ。現在は伝統的な土壁の現場がほとんどないからだという。

荒壁塗り当日は、切りワラをもう一度混ぜる。トラクターや耕耘機で混ぜ、水を入れる量で土の硬さを調整していく。昔は足で踏んで混ぜ合わせたそうだ。水を入れすぎると軟らかくなりすぎるし、水が少ないと固くて塗りづらい。

ほどよく軟らかくなった土を一輪車で現場に運び、フネ（左官用の大きな箱）に入れていく。そして、才取り棒と呼ばれる道具で土を塗る人に渡す。この作業が面白い。塗る人の手が空かないように目配りし、声を掛け合いながら渡すのだ。連帯感が生まれて、実に楽しい。まず表から塗り、ある程度期間を置いて裏からも塗っていった（裏返し塗り）。

妻の知子が荒壁を塗っている。手前は子どもたち

鏝板（こていた）に載せられた土はそれなりの重さなので、とくに女性は大変だったのではないかと思う。二階には滑車を用いてバケツで土を上げた。私は土と稲ワラを耕耘機で混ぜる作業を主に担当したが、ものすごく疲れた。慣れていないので、力んで作業したためかもしれない。

荒壁が完全に乾燥すれば、中塗り、漆喰という工程になる。中塗りと漆喰は自分たちだけで行った。

中塗りは砂とワラズサ（ワラすさ）という材料を混ぜて、10ミリ程度の厚みに塗っていく。荒壁塗りと違い、慣れないと土が床に落ちる。できるだけ平らに塗っていかないと、最終的な仕上げがデコボコになってしまうのだが、これが難しい。少しでも平らになるように、慎重に塗った。加藤親方が中塗りと漆喰は素人では難しいと言っていたのが理解できる。でも、私たちには予算がなかったので、自ら施工するしか選択の余地はなかった。

最後は漆喰で、1〜2ミリの薄さで塗っていく。妻が平らに塗るのが上手だったので、目立つところや重要な箇所は彼女が塗った。素人なりの出来栄えだが、それなりに平らになったと思う。

なお、土壁の厚みは約90ミリで、断熱材は入れていないが、寒さは問題ない。

たたき土間もワークショップ

最近は、土が材料のたたき土間はあまり見かけない。土間があったとしても、コンクリートが一般的である。しかし、土のパワーを得るには、たたき土間はもってこいだ。しかも、農家の場合、地下足袋や長靴を履いたまま休憩できる。

我が家では母屋の土間と研修棟の味噌部屋の一部屋をたたき土間とし、自分たちで施工した。母屋の土間には、かまどと囲炉裏を設置し、五右衛門風呂（ごえもんぶろ）の焚き口もある。灰や木くずを気にする必要がないので、使い勝手が大変良い。囲炉裏を使えば灰が飛散するけれど、土間なら気にしなくてすむ。

たたき土間のつくり方も、加藤左官工業に教えていただいた。やはり施工現場があるときに

家の奥にある土間。かまども手づくりして設置した

声を掛けていただき、東京まで妻と父と３人で見学に行った。

　まずは、材料を混ぜ合わせる。２坪の土間の材料と、それらを使う理由は、次のとおりだ。
　①粘土１㎥（荒壁に使用した粘土と同じ）、②消石灰１００㎏、③塩化カルシウム50㎏、④にがり５ℓ（水５ℓに、にがり約１・３㎏を溶かす）
「消石灰は土間の強度を上げるため、塩化カルシウムは吸湿と乾きすぎを防ぐため、ニガリ（塩化マグネシウム）は材料の凝固促進のために用います」（『別冊うかたま農家に教わる暮らし術』農山漁村文化協会、２０１１年、１０６ページ）
　たたき土間も土壁と同様に、ワークショップで参加者を募った。参加者は、栃木・埼玉・群馬各県から、おとな12人、子ども５人。一日で２部屋分を終えられた。

コンパネを6枚並べ、その上に材料を載せ、耕耘機で混ぜていく。耕耘機とはいえ、混ぜるのは重労働だった。それもそのはず。施工面積は母屋5・25坪、研修棟が1・9坪だから、合計約7・2坪（約24㎡）。計算すると、3・6㎥もの材料を混ぜたことになる。

混ぜた材料を一輪車で運び、15センチ程度の厚みに敷いていく。その後、板を取り付けた棒で叩いて、10センチの厚みになるくらいまで叩き、締めていく。こちらも重労働だった。相当な量の材料を混ぜたり、運んだり、叩いたりしたので、参加者たちは疲れたにちがいない。

私たちも参加者も初めての作業だったので、平らにするのが難しかった。とはいうものの、愛着のあるたたき土間をなんとか一日で完成させられた。

〈おすすめ文献〉

『100万円の家づくり』（小笠原昌憲、自然食通信社、2001年）。
『自分でわが家を作る本』（氏家誠悟、山海堂、2006年）。
『棟梁辰つぁんの住宅ルネサンス――今の住宅は家庭と国を滅ぼす』（富田辰雄、光雲社、1998年）。
『マンガで学ぶ木の家・土の家』（小林一元・高橋昌巳・宮越喜彦、井上書院、1998年）。
『農家に教わる暮らし術――買わない捨てない自分でつくる』（農文協編、農山漁村文化協会、2011年）。

第4章
あらゆる自然エネルギーを取り入れる

土間に設置してあるかまど
火のある暮らしは止められない

1 エネルギーだって、なるべく自給したい

食べものと同様、エネルギーなしに人間は生きていけない。調理も暖房も移動も、もちろん生産も、さまざまな活動にエネルギーを利用している。

家をハーフビルドするとき、ありとあらゆる自然エネルギーを導入したいと考えた。我が家では、古来からの燃料である薪と炭の利用が多い。薪ストーブ、炭こたつ、五右衛門風呂、囲炉裏(いろり)、かまど、石窯などだ。これらに必要な薪の用意は大変だが、実際に使ってみると、火のある暮らしは心地よくて止められない。何といっても、心が癒される。それは、薪や炭から発生する遠赤外線の効果かもしれないし、火を見る魅力なのかもしれない。遠赤外線効果で体の内部から温まり、しかも冷めにくいという。

オール電化住宅が普及し、火を扱わない暮らしも珍しくない。ガスコンロの代わりにＩＨクッキングヒーターを使う家庭も増えてきたが、発生する電磁波の人体への影響が懸念される。

薪と炭以外にも、珍しいエネルギー利用に取り組み始めた。たとえば、廃食油で車を動かす

天ぷらカーや、電気を使わない非電化冷蔵庫などである。

日本の食料自給率は38％と低いが、エネルギーの自給率はもっと低くて５％しかないそうだ（山崎耕造『トコトンやさしいエネルギーの本(第2版)』日刊工業新聞社、２０１６年、28ページ）。人間の生存に欠かせない食料とエネルギーの自給率の低さを、私たちはもっと真剣に受けとめなければならない。

そもそも、石油や石炭、天然ガス、ウラン(原子力)は輸入に頼っているし、いつかはなくなる。また、２０１１年の東京電力福島第一原子力発電所の事故で経験したように、原子力はいったん事故が起きれば取り返しのつかない事態をもたらす。原子力発電所によって発生する放射性廃棄物の処理問題は、全く解決できていない。人間の尺度をはるかに超える10万年もの期間、安全に保管できるわけがない。いうまでもなく、コストもかかる。一方、自然エネルギーは再生可能である。だからこそ、太陽の光や熱、風力、水力などを上手に利用したい。

食べものだけでなくエネルギーもなるべく自給するとともに、エネルギーを節約して暮らしていきたい。普通に電気を購入しているけれど、自給と節約に向けて少しずつ前進したい。それに、自然エネルギーのアンテナを張っていると、面白そうなアイデアや実践がたくさんあることに気付く。暮らしのなかで使えるエネルギーは多い。それらを見つけて挑戦することは、このうえなく楽しい。以下、我が家の自然エネルギーの取り組みを紹介していこう。

2 薪と炭を使いこなす

暖房は薪ストーブと炭こたつ

本物の暖炉に出会ったのはオーストラリアだ。ファームステイしていた農家に暖炉があり、夕食後はたいてい暖炉の前に集まって団欒(だんらん)し、室内で火を眺める安らぎや火の暖かさの良さを知った。木が燃える音も、なんとも心地よい。

田舎で有機農業をやろうと考えたとき、薪ストーブのある暮らしをしたいと強く思った。暖炉と薪ストーブは違う。暖炉は壁に埋め込まれた、裸火のままの開放的な暖房を指す。裸の火を見られるのが最大のメリットだと私は思う。これに対して、薪ストーブは密閉式なので空気の取り入れ量が調整でき、暖炉より熱効率が高い。少ない薪で効率よく室内を暖められる。もっとも、薪ストーブのガラス越しの火は、暖炉の裸の火にかなわない。

我が家は熱効率の良さと設置のしやすさから、薪ストーブを選択した。日本では、暖炉のある家をほとんど見たことがない。設置も大変だから、一般的でないのだろう。私たちが暮らす秋山地区の厳寒期の最低気温は、マイナス８℃まで下がる。そこで、炭こたつも併用している。

　薪ストーブは鉄板のオーダーメイド。６～12ミリの厚い鋼板でつくられていて、重さは約１００kgだ。この薪ストーブで居間と台所を暖めている。家の設計段階から、煙突を含めてどこに設置するか考えた。ただし、炎が見られないタイプなので、将来は大きなガラス窓付きの薪ストーブを導入したい。炎が見られないと、薪ストーブの魅力が半減するように思う。オーブン付きもいい。いつでもオーブン料理ができる。

　薪ストーブは部屋全体が暖まるし、石油ファンヒーターを使うときの嫌な臭いが一切ない。体の芯から優しく、じんわり暖まる感じだ。また、家族がまわりに集まるから、団欒の場になる。薪ストーブの良さを知ってしまうと止められない。ゆったりとした炎の力で暖をとれるのは、田舎暮らしの大きな魅力のひとつだろう。天板が広いので、お湯を沸かすのも煮物もお手の物。豆や大根を煮たり、おでんを煮込んだり、弱火でコトコトするにはもってこいだ。翌日の朝も少しだけ暖かい。

　一方、薪ストーブのデメリットは、まず薪の用意が大変なこと。１シーズン分の薪を用意するのは、相当な時間と手間がかかる。たとえて言うなら、ほぼ１カ月は毎日薪割りしているほどの量が必要だ。薪割りをする時間がとれないため、外国からファームステイで来た人に薪割りをしてもらうことが最近は多い。また、薪は１年～１年半くらい乾燥させる必要があるが、間に合わず、1年以内で使うときが多い。なお、薪の原料となる丸太は林業を営む友人から譲りうけている。

つぎに、すぐには部屋が暖まらないこと。30分はかかる。石油や電気の暖房器具と大きく違うところだ。そして、部屋が乾燥しやすい。天板に鍋や鉄瓶を載せてお湯を沸かしているが、あまり効果はなさそうだ。いまのところ、根本的な解決策はない。

また、鋳物や厚い鉄板の高性能薪ストーブを設置すると、60万~１００万円は必要だ（本体、煙突、設置費用）。我が家は煙突を自ら設置したので、その分は安くなっているものの、約40万円かかった（数千円の安価な薪ストーブもある。これは煙突も安く、設置費用も1万円前後らしい）。

ちなみに、煙突は曲げずに設置できれば最高だ。煙突が曲がっていると煤やタールが溜まりやすく、掃除回数が著しく増える。新築の場合は、曲げずに設置できるように設計段階から考慮することをお勧めする。

居間には炭こたつを設置し、薪ストーブの熾（薪が燃えて炭火のようになった状態）を利用して暖をとっている。電気を使わなくても、熾の力で暖かい。足の裏からじんじん暖まる感じがすごく良い。ふだんは熾に灰をかぶせておき、使いたいときに灰をよければ、暖かくなる。炭こたつのデメリットは電気こたつと違って、ときどき熾を加えなければならないこと。それなりの手間を要する。

炭こたつも自作した。まず、設置する場所に強度が大きい重量ブロックを並べ、その上に耐火レンガを積む。そして、耐火レンガの内側に粘土を入れ、その上に灰を入れればよい。ごみが混入して火事にならないように、ステンレスの網をかぶせて利用している。

五右衛門風呂と真空管式太陽熱温水器

お風呂には薪を使おうと、設計段階から考えていた。薪風呂には鉄砲風呂や五右衛門風呂などがある。鉄砲風呂は、桶の下部に鉄や銅でつくった筒形の焚き口と通風孔を設け、煙突を上部に出し、木炭か薪を燃やして湯を沸かす仕組みである。薪と灯油の兼用風呂釜も市販されているし、薪のボイラーもあるらしい。

我が家は五右衛門風呂を選択した。鉄の釜(浴槽)の下から直接薪をくべて沸かす風呂である。めったに見かけなくなったが、なんと既製品が存在した。今でも販売されているのだ。大和重工(広島市)が製造し、「直焚浴槽」という商品名である。

築炉ユニット(浴槽の下の薪をくべる部分)も販売され、組み立てやすくなっている。しかも、燃焼効率が良くなるように工夫され、浴槽の周囲を煙がまわる構造である。昔ながらの丸い浴槽も販売されているが、家族で入りやすいように四角い(鋳物ホーロー製)浴槽を選んだ。

五右衛門風呂でくつろぐ我が家の3人の子どもたち

実際に入ると、底で温まったお湯が下からくるので、ポカポカして温泉のような感じだ。薪ストーブと同様に、体の芯から暖まる感じがする。燃料に石油や電気を使いたくないと考えて採用したのだが、これほど素晴らしいとは思わなかった。なお、下から熱くなるので、専用のすのこを敷いて入る。

水から温めると1時間ほどかかる。もっとも、たまに火の番をする程度ですむので、それほど面倒ではない。我が家では、料理の支度をしながら火の番をしやすいように、台所の隣の土間に焚き口を設けた。煙突の掃除は4カ月に1回すればよい。

また、真空管式太陽熱温水器も設置して、水を温めるのに利用している。この太陽熱温水器も自作を考えた。ペットボトルや塩ビ管で自作したケースが、本や雑誌、インターネットに載っていたからだ。たしかに安いけれど、それほど性能がよくないようなので、既製品を購入して設置することにした。真空管式が最も番効率が高いという。設置作業は父がやってくれた。

夏は、水で薄めなければお風呂に入れないほどの温度（約55℃）まで上がる。冬は多少温かくなる程度だが、ないよりはずっといい。晴れていれば、気温が低くても温まる。

炎の立つ囲炉裏

土間には囲炉裏がある。最近の囲炉裏は、ほとんどが炭を利用している。旅館も同様だ。我が家の囲炉裏は、炎を立てる本物である。つまり、薪を燃やすことができる。土間の屋根に煙抜きを設けているので、煙の放出先が確保できるからだ。裸の火を見られるのが、なんといっても良い。炭の囲炉裏との大きな違いだ。

この囲炉裏で暖をとる。火を起こした瞬間から暖かくなる。薪ストーブのように部屋全体が暖まる感じではないが、直火なので体の芯から暖まる。薪が燃える音もたまらない。家族や仲間と囲炉裏を囲みながら、お酒を飲むのは最高のぜいたくである。

もちろん調理もできる。我が家では鍋が多い。囲炉裏で食べる鍋は絶品。鰹節削り器で削った鰹節と昆布をだしにして、自家製野菜を入れる。ジャガイモ、里イモ、人参、大根、小松菜

囲炉裏でお酒を飲みながらの鍋料理。うーん、たまらない

に白菜。極めつけは平飼いの鶏肉。直火でつくった鍋は遠赤外線のおかげか、台所でつくる鍋よりも数段、美味しい。

また、囲炉裏には鍋を上下できる自在カギがあるので、火力の調節も自在だ。自在カギは骨董屋から入手した。シンプルなタイプから魚をかたどったタイプまで、いろいろある。

ただし、残念ながら、私たちはまだ囲炉裏をあまり使いこなせていない。そのうち、鍋以外の囲炉裏料理に挑戦していきたい。魚の串焼きをしたり、炭で餅を焼いたり、ご飯を炊いたり、いろいろできそうだ。

一方、囲炉裏のデメリットは煙いことである。薪の勢いが弱まったり、十分に乾燥されていない薪を燃やしたりすると、すぐに煙たくなる。目を開けていられないほどのときもある。また、灰が飛び散るのも欠点だ。囲炉裏を使った後は、炉縁の周辺が灰だらけになる。

囲炉裏に関しては『囲炉裏と薪火暮らしの本』（大内正伸著、農山漁村文化協会、２０１３年）という素晴らしい本がある。囲炉裏の良さや使い方だけでなく、つくり方まで事細かに紹介されていて、読んでいるだけで楽しい。

囲炉裏のつくり方を簡単に紹介しておこう。まず、設置場所にブロックを積んでいき、その上に炉縁を設置する。我が家では、ちょうど手に入ったケヤキを使った。ケヤキは木目が力強く、私はこの炉縁がとくにお気に入りだ。その後でブロックの内側に粘土を塗っていく。粘土の上に灰を入れれば、完成だ。

かまども手づくり

土間にはかまども設置した。予算が少ないこともあり、当然のように手づくり。かまどの基本的な材料は粘土である。土壁塗りと同じ要領なので、その経験が活きた。

ご飯は基本的にガスで炊いているが、イベントなどで一升のような大量を炊くときはかまどの出番だ。餅つきするときの餅ち米を蒸したり、納豆をつくるときの豆を蒸したりする際も、かまどを用いる。大量に蒸したり炊いたりするには、かまどが便利である。

かまどづくりの参考にした本は、『週末田舎暮らしの便利帳――憧れの悠々自適生活』（金子

かまどは大量のお米を炊いたり蒸したりするのに便利

美登監修、成美堂出版、２０１４年）だ。この本に載っているかまどとは違う仕様だけれど、燃焼効率を良くしようとロストル（通風を良くし、火がよく燃えるように、炉の下部に設ける鉄の格子）をつけた。

かまどは粘土だけでなく、日干しレンガも使ったほうが組み立てやすいという。日干しレンガとは、型枠に粘土を入れて文字どおり干しただけのレンガである。日干しレンガづくりはたくさんでやったほうが面白いと思い、ワークショップを開催した。参加者は約20人。土壁塗りのときと同じように、材料の土は発酵させた粘土に稲ワラを混ぜる。その粘土を型枠にギュウギュウと詰め込んで、平らにならしたら、型枠をはずしていく。２週間以上乾燥させれば完成だ。おとなも子どももワイワイ言いながら楽しそうに、数多くの日干しレンガをつくっていた。

かまどの煙突も自分たちで設置した。土間の屋根から煙突を抜くことも考えたが、ちょっと難しそうだったので、壁から煙突を出すことにする。また、かまどに火をつける焚き口用の金物はインターネットで調べてみると、今でも販売されていた。「焚き口」で検索すると、いろいろな大きさやデザインがある。

つぎは、実際のかまどづくりだ。まず、粘土と日干しレンガで形づくっていく。土壁塗りと同じく、発酵させた粘土にもう一度稲ワラを混ぜる。日干しレンガがあるので、積み上げていくのが早い。一日で大まかな形はできあがった。

完全に粘土が乾いたら、仕上げとなる中塗りと漆喰である。中塗りを塗った翌日に漆喰を塗る。さらに、その翌日に7〜8割が乾いたところで、磨き仕上げとなるノロ（練った漆喰を1〜2㎜の金網にかけて、スサ（繊維質）を除いたペースト状のもの）を塗っていく。これで黒いかまどの完成だ。

かまどづくりも、分からないところは加藤左官工業（117ページ参照）に教えていただいたのだが、磨き仕上げは素人には難しいと言われた。だが、いつものように私たちは諦めきれない。ノロを購入して、なんとか仕上げた。プロの左官屋さんが施工すれば、自分の顔が映るほどきれいに仕上がる。当然、私たちはそこまでの仕上げにはならなかったが、それなりにできたように思う。

大きなかまどで大量のご飯を炊くと、本当に美味しい。冷めても美味しく食べられる。うどんやそばを茹でるにも、餅ち米や大豆を蒸すのにも、重宝している。かまどは、今では珍しくなってしまったので、かまどの良さをいろいろな人に広めていきたい。

自家製のパンやピザを楽しむ石窯

我が家の前にはパンとピザ用の石窯がある。もちろん、自分たちで手づくりした。薪を燃やして、パンやピザが焼ける。石窯を使った焼きたてのピザやパンは本当に美味しい。その匂いや音を想像するだけで楽しくなってくる。焙煎(ばいせん)やローストもできる。自分たちで栽培した大豆を炒り大豆にすると、とっても美味だ。食べ始めると止まらなくなる。これらの美味しさの秘訣は遠赤外線(輻射熱)である。このほか、お菓子や燻製もできるので、そのうち挑戦してみたい。

パンやピザを焼くときは、1~2時間薪を燃やしてから、熾き火を掻き出す。壁や天井が蓄熱してくれるので、その余熱(輻射熱)で焼いていくのだ。

自分たちが栽培した小麦と自家製天然酵母で焼くパンは外がパリッ、中がフワッという感じ。電気オーブンでは、こうはできないだろう。自家製のピーマン、タマネギ、バジルをトッピングしたピザも最高。極めつけは自家製のトマトピューレだ。ピザは焼き床の片隅で熾き火を残したまま、焼き具合を見ていく。チーズやトマトソースがグツグツいって、香りが立ち、見ているだけで美味しそう。どちらも時間と手間はかかるが、至福のひとときを過ごすことができる。

石窯をつくる際は、『石窯のつくり方楽しみ方――おいしいアース・ライフへ』（須藤章・岡佳子、農山漁村文化協会、２００１年）と『石窯づくり早わかり』（須藤章、創森社、２００９年）を参考にした。我が家の石窯は、焼き床の奥行きが１００センチ、高さは40センチ。家庭用にしては少し大きいサイズだろう。

石窯には、焼き床と燃焼室が分かれているタイプ（連続燃焼式）と、分かれていないタイプがある。どちらにするか迷った末、連続燃焼式にした。温度が低いと思ったら、薪を燃やして温度を上げられるからだ。煎り大豆をつくるときによく温度が下がるが、連続燃焼式なら薪を足せばよい。

煙突は設置しなかった。煙突から熱が逃げるというデメリットがあるためである。屋内に石窯を設置する場合は煙の関係で煙突は必須だが、屋外なら煙突なしでも問題はない。

材料には粘土、漆喰、空き缶、耐火セメントなどを用いた。石窯をつくるときも、ワークショップを２回開いた。平日に行ったので、１回目は７名、２回目は８名と参加者は少なかったけれど、みんなで話しながら粘土で形づくっていくのが面白い。

土台に大きな石を積み、１回目に下部の燃焼室と、燃焼室の天井（兼焼き床）をつくった。耐火セメントを型枠に流し込んで固まると、天井ができる。２回目は本体のドームをつくった。

石窯ワークショップでは本体のドームをみんなでつくった

焼き床の上に畑の土で土まんじゅうをつくり（これが焼き床内部になる）、その上に今度は違う粘土でドームを形づくる。乾燥後にドームの中の畑の土だけを掻き出すと、きれいな形のドーム状の石窯ができあがる。

粘土が固まったら、石窯の断熱を高めようと一工夫した。石窯のまわりに、約２００個の空き缶をペタペタと粘土とともにくっつけたのだ。この空き缶の中の空気層が断熱効果をもたらす。最後に仕上げとして、中塗りし、漆喰を塗る。やはり、土壁塗りやかまどと同じ要領だ。

屋外だから、雨に濡れないように屋根が必要だ。父が丸太やトタンを用いて、一人でコツコツと屋根がある小屋を建ててくれた。

3 電気や石油の消費量を減らす

排水処理に電気を使わないニイミトレンチ

土の中の生き物（土壌動物や土壌微生物）に食べてもらう、生活雑排水の処理方法（土壌浄化法）がある。新見正さんが考えたので、ニイミトレンチ（土壌浄化法）と呼ばれている。自然エネルギーではないが、化石燃料に依存しないので、ここで紹介したい。

公共下水道が設置されておらず、生活雑排水を個別処理する場合の多くは、浄化槽を設置する。この際、曝気（ばっき）（酸素を供給するために空気を送り込む）に電気を使う。一方、ニイミトレンチでは電気を全く使わずに、浄化する。

生活雑排水は陶管の中を流れていき、空つなぎしてある陶管から下に流れ出る。一番下には遮水シートが敷いてある。雑排水はこのシートまでしみ込んだ後、毛管現象と呼ばれるはたきによって少しずつ上や横に広がっていく。その間に土の中の生き物が食べて分解するのだ。生き物は地中30〜60センチに最も多いので、遮水シートは地中60センチ、陶管は地中30センチに設置してある。トレンチ(溝)は2本設けて、交互に使う。使い続けていると目詰まりするが、休ませれば復活する。我が家では3カ月ごとに切り替えている。

このニイミトレンチは自分たちで施工できる。私たちも自ら施工した。ただし、ある程度の面積がないと設置できない。トレンチの長さは居住者一人あたり最低2m必要だから、5人家族であれば10m、しかも2本設けるので、20mは必要となる。また、車は上を通行できない(人間が歩くのは大丈夫)。

材料には陶管、砂利、シート、ネットなどを使う。トレンチを掘っていき、遮水シートを設置する。このとき、水が漏れないシートを使用する。その上に砂を敷き、砂の上に砂利、そして陶管を水平に並べていく。この際、陶管のつなぎに接着剤は使用しない。このつなぎ箇所から生活雑排水が下に少しずつ流れ出るために、空つなぎとする。その後、陶管の上にもう一度砂利を敷き、ネットを被せる。最後に土を敷けば完成だ(『土壌浄化法の実際――新しい下水処理システム』毛管浄化研究会編、経済調査会、1987年、参照)。

電気を全く使わず、自宅の敷地内で生活雑排水が跡形もなく分解されるのは、魔法のようだ。

自家用車を廃食用油で動かす

我が家の自家用車は、廃食油（天ぷら油）で動く。こうした車は通称天ぷらカーと呼ばれている。ディーゼル車なら、基本的に天ぷらカーに改造可能だ。農産物の配達にもプライベートにも使っている。思わず笑ってしまうが、マフラーからは天ぷらを揚げているような匂いがする。パワーは軽油使用とほぼ変わらない。理論上は廃食油のほうが少しだけ出力が下がるらしいが、乗った感じでは全く分からない。

現在は佐野市内の約15カ所の保育園から給食の廃食油を回収して、利用している。20ℓタンクが一杯になる量を目安に回収する。１カ月に１５０〜２００ℓ程度を回収していて、ありがたいことに燃料代はほとんど無料になった。捨てられるはずの廃食油が燃料になるのだから、面白い。まさに有効利用である。回収後に自宅で濾過し、改造したエンジンに投入して燃料として用いる。

廃食油は、気温が低いときは粘度が高くドロドロしている場合があるので、エンジンが温まるまでは軽油を使い、温まってきたら手動で天ぷら油に切り替える。長時間乗らない際は、エンジンを切る前に軽油へ切り替えておき、つぎにエンジンをかけるときに軽油で始動できるように配慮しておく。これは、軽油と廃食油の二つの燃料タンクを車に積載するので、ツータンク方式と呼ばれる。

廃食油用の燃料タンク一つのみで、軽油を使わないワンタンク方式もあるが、トラブルが多いと言われ、ツータンク方式を採用した。

また、廃食油を精製してサラサラにし、ノーマルのディーゼルエンジンに使う、ＢＤＦ（バイオ・ディーゼル・フューエル）燃料もある。ただし、廃液処理やエンジンへのダメージなどのデメリットが生じる。我が家の天ぷらカーは、ＳＶＯ（ストレート・ベジタブル・オイル）と呼ばれる、精製せずに濾過した廃食油を用いている。つまり、ＳＶＯのツータンク方式である。

自分で改造する自信はなかったので、天ぷらカーに詳しい和歌山県海南市の満月屋に改造を依頼した。その際、興味がある人も多いのではないかと思い、天ぷらカーワークショップを開催。栃木県内や茨城県、遠くは長野県からも参加者があった。車に設置したのは以下の３つの装置だ。

①熱交換器（天ぷら油を温める装置）

②６ポート（軽油と天ぷら油の燃料を切り替えるスイッチ）

③廃食油用燃料タンク

熱交換器は、エンジンのラジエーター液を利用して、その熱で廃食油を温めて粘度を下げ、サラサラにする。６ポートは電気の力で軽油と廃食油を切り替えるための部品。運転席にスイッチを設置した。スイッチをオンにすると天ぷら油、オフにすると軽油だ。廃食油用燃料タンクは車内に設置した。もちろん、不正改造ではない。

満月屋によると、アメリカやヨーロッパでは日本よりもＳＶＯが盛んで、必要な部品や器具などをeBay（アメリカのインターネットオークション）を使って輸入する場合が多いという。

廃食油の濾過装置も満月屋に製造していただいた。２段階方式で、初めに専用のフィルターを通して濾す。続いて、プラスチックの衣装ケースにティッシュペーパーを敷いた濾過装置で濾していく。こうして濾過した廃食油を廃食油用燃料タンクに投入して使う。現在は必要量の廃食油を回収できているので、最小限の軽油しか使っていない。

トラクターやコンバインには今のところ、ＳＶＯ技術は使っていない。自家用車には年間約２５００ℓと農業機械の10倍程度の燃料を使うので、まずは自家用車への利用を考えた。

４ これから取り組みたい自然エネルギー

まだまだ取り組みたい自然エネルギーがある。たとえばバイオガスだ。有機物を嫌気発酵させてメタンガスを取り出し、調理に使う。発酵後の内容物は、液肥として田んぼや畑に利用できる。農家にとっては一石二鳥の、夢のような自然エネルギーである。

5㎥程度の小規模プラントを設置し、家畜糞や人糞を材料に発酵して、発生したメタンガスで調理したい。メタンガスは家庭で普通に使われている都市ガスと性質が近く、利用しやすいようだ。また、バイオガス液肥は肥効が高く、土壌改良や病害虫防除効果に優れている。畑や田んぼに使いたい。

つぎに、風力、太陽光、水力などを使って自家発電をやりたい。使っている電気のすべてをまかなうのは難しいだろうが、可能な範囲で発電できたらと思う。仮に電気が止まった場合、我が家で一番困るのは水だ。井戸に取り付けたポンプの力で水が出るのだが、電気が止まれば一滴も出なくなる。風力や太陽光で発電した電気をバッテリーに蓄電し、非常時にも使えるようにしたいと考えている。

平常時も、できるだけ自然エネルギーの力で発電した電気で暮らしたい。風を受けてクルクル回る風車が庭にあったら面白い。そして、風がなくても光さえあれば発電する太陽光や、水さえ流れていれば発電する小規模水力発電の装置が暮らしのまわりにあったら楽しいだろう。少しずつ取り組んでいきたい。

第5章 ちょっとしたコツで健康に暮らす

毎朝実践している腰痛予防のための操体

1 健康に生きるための工夫

健康とは爽快感を感じられる状態

新規就農してから、健康には人一倍気をつけてきた。安全な農産物の栽培を意識し、食に関心のある人びとと付き合っているからかもしれない。有機農家を志しているときはそれほど意識していなかったが、だんだんと自分が、そして家族が健康でありたいと思うようになった。

世間には、健康についての情報があふれている。特定の食品を食べると健康にいいとか、運動をするといいとか、さまざまな健康法が紹介される。実際に、便秘や下痢、不眠、腰痛、慢性的疲労など、健康に関する悩みをかかえる人は多い。

そして、現代社会は汚染社会である。農薬や化学肥料、食品添加物、遺伝子組み換え食品、環境ホルモンや放射能まで、多くの汚染物質に囲まれて私たちは暮らしている。

遺伝子組み換え食品・農産物については、日本は世界有数の輸入大国だ。しかも、表示義務のない遺伝子組み換え食品がたくさんある。たとえば、サラダ油、醤油、水飴などの加工品には表示されていない。組み換えＤＮＡ、およびそれによって生成したタンパク質が残らない場合は表示義務がないからだ。遺伝子組み換えの餌を食べて育てられた家畜の肉や卵、乳製品も同様である。だから、知らず知らずのうちに遺伝子組み換え食品を摂取している。

また、抗菌グッズや除菌・消臭ブームで、日本は無菌社会に突き進んできた。その結果、人間が病原菌に対して免疫力をもたなくなっていると言える。

このような汚染社会においても、少しの工夫で健康に暮らすことができる。いろいろな人や本などの情報から、これまで私たち夫婦が実践してきた健康になるためのちょっとしたコツを紹介したい。

新規就農した当初は、「何を食べるか」ばかりを気にしていた。ところが、疲れやすく、風邪もひきやすい。現在と比べると、健康とは言えなかった。もちろん「何を食べるか」も重要だが、他にも健康に生きる工夫はたくさんある。たとえば、どのくらい食べるか、いつ食べるか、操体、早寝早起きなどだ。それらの効果は抜群である。

こうした工夫が大きな効果を生み出す。快便になり、やる気がみなぎり、気分爽快に毎日を過ごせる。健康に生きることは何にも代えがたい。地位や名誉やお金よりも大切だ。私は、それほど難しいことをしているつもりはない。誰でも簡単に実践できる。ただし、続けていくには多少の努力が必要だ。

また、以前は病気にならないことが健康だと考えていたが、そうではないことに気付いた。私が考える健康とは、爽快感を感じられる状態である。朝起きたときに、やる気がみなぎるのが自分で分かる。夜はすぐに眠れて、快眠でき、快便で便秘や下痢とは無縁の状態。それが健康である。健康に暮らす素晴らしさを皆さんに知っていただきたい。

鶏と人間の健康の条件は同じ

鶏と人間の健康は、とてもよく似ている。鶏も人間も健康の条件は環境と食べものである。環境については、いかに光や風や土の恩恵を得るかが重要だ。鶏を健康に育てるためには、光・風・土がポイントになる。光が適度に部屋へ入るように配慮して、鶏小屋を建てる。新鮮な空気が十分に入るように、風通しを良くする。コンクリートの上ではなく土の上で飼う。

人間も第3章で説明したように、光・風・土の恩恵を上手に取り入れることが大切である。太陽光線の特性を活かした間取りを考える(光)。寒くならない程度に気密を下げて通気を良くし、戸や窓などの建具を開け放つことで通風を確保する(風)。土をむき出しにした基礎で、土の恩恵を得る(土)。

加えて、いかにストレスのない環境で過ごせるかが健康を大きく左右する。鶏の場合は、密飼いせず、野菜くずや雑草などの緑餌を与える。緑餌を食べるときは突つくし、食物繊維が補えるから、ストレスを和らげる効果があると考えている。人間の場合は、仕事や人間関係でいかにストレスのない状態を保つかだ。ストレスが常にある状態で健康に生きていくことは難しいだろう。

食べものに関しては、「何を」「どのくらい」食べるかが重要である。鶏には国産の麦や米、米ヌカを中心に与えている。輸入飼料はポストハーベスト（収穫後に使用される農薬）の問題があるからだ。国産の穀類であればその危険性を回避でき、鶏の健康に寄与する。また、抗生物質も薬も一切与えていない。そして、腹八分の量しか与えない。この３つで鶏の健康を保つことができる。人間も同様だ。「何を」「どのくらい」食べるかに気をつけるだけで、かなり健康になると思う。

2 健康になるための食べ方

安全なものを食べる

次の４つをとくに意識したい。

①有機農産物を食べる。

②旬の野菜を食べる。夏野菜は夏に、冬野菜は冬に食べたほうが健康に良い。なぜなら、夏野菜は暑さに対応しやすいように体を冷やす性質があり、冬が旬の根菜類には体を温めるはたらきがあるからだ。

③遺伝子組み換えされていないものを食べる。

④食品添加物を避ける。

ほかにも放射能や放射線照射食品、環境ホルモンなど気をつけたいものはあるが、この4つを意識すれば健康につながるにちがいない。

これらを気にしていたら、買えるものがなくなるという声も聞こえてきそうだ。たしかに、一般のスーパーでこれらをすべて満たすのは困難だろう。とくに、遺伝子組み換え作物を原料に使っていない油や、食品添加物の入っていないハムやソーセージは、自然食品店や一部のスーパーでなければ販売していないだろう。

しかし、遺伝子組み換え作物を使っていない油や醤油は、たいてい美味しい。だから、それらを探したり見つけたりすることは楽しいと思う。たとえば、国産菜種を原料として、伝統製法で搾られた油は旨味があり、香ばしい。一般の油が使いたくなくなるほどだ。国産の大豆と小麦、そして自然塩を使用した醤油も、コクと旨味が素晴らしい。こだわった醤油をつくる小規模の醤油屋は、少ないながら各地に点在する。

安全な食べものを中心に扱う近くの自然食品店を探すことも楽しい。「こんなところに、こんな良いお店があったのか」と新鮮な発見になるし、その店でいろいろな面白い人と出会うきっかけが生まれるかもしれない。

もちろん、それらの値段は安くはない。だが、美味しさと健康をもたらすことを考えると、長期的には決して高くない。こだわりの食べものをつくる人たちの応援にもつながる。そう考えると、私は嬉しくなってくる。

意識的に穀類中心の食生活とする

動物は草食動物、肉食動物、雑食動物に分けられる。人間は当然、雑食動物である。

人間の歯の構成を見ると、何を食べるべきかが分かる。32本ある歯は、臼歯(きゅうし)（穀類をすりつぶすための歯）が20本、切歯(せっし)（野菜を切るための歯）が8本、犬歯(けんし)（肉や魚を食いちぎるための歯）が4本だ。したがって、約6割が穀類、約3割が野菜や海草、約1割が動物性食品という割合で食べるのが歯の構成にはふさわしい。そして、人間はこの割合で食べてきたという推測が可能である。

料理研究家の魚柄(うおつか)仁之助さんの指摘が興味深い。

「まず人の体は基本的に「太ろう」としておるってことを認識しよう。そもそも人類って食糧を確保するために生きとりました。今日は食べものがあっても、明日はわからん。だから食べられる時に食べ、余分なカロリーは脂肪の形で体内に取り込むようになった。それが生存本能だから同じ食べるのでも、よりカロリーの高いものを摂取する体となった。だからこってりしたもの、高カロリーのものを「おいしい」と感じ、より多く摂ろうとするのです。(中略)まず、本能的に太りたいと願う人類が求める食べものとはどんなものか?　ズバリ、濃縮密度の高い食べものです。20kgもの穀類を食べさせてできる1kgの牛肉もそうだし、10kgのコーンから2kgもしぼれないコーン油もそうですね」(「おダイエットざぁますのんっ」『週刊金曜日』2007年6月22日号)

つまり、私たちは本能のまま美味しいと感じる食べものを選ぼうとすると、肉や油を優先してしまうのである。ありとあらゆる食品が手軽に手に入る現在、この傾向はとりわけ顕著だ。しかし、歯の構成では動物性食品は1割が望ましい。そして、穀類を多く食べるように意識する必要がある。

ゆえに、有機農業で栽培された米や野菜を中心にし、自然塩と伝統製法でつくられた調味料を使い、約6割が穀類、約3割が野菜、約1割が動物性食品という食べ方が健康につながる。なお、我が家では分づき米(胚芽やヌカを部分的に残して精米した米)を食べている。

少食を心がける

「何を」食べるかと同じ程度、「どのくらい」食べるかが重要である。具体的には、腹八分だ。もちろん、腹七分だって腹六分だっていい。もうちょっと食べたいと思うくらいが理想である。

人類の歴史は４００万年と言われている。その長い歴史を振り返ると、満腹に食べられるようになってから１００年にも満たない。空腹が当たり前の時代がほとんどだった。人間の体は空腹を前提にして、健康で頭がはたらくように設計されている。人間の体は空腹には強いけれど、満腹がずっと続く状態には弱いのだ。

少食の効果は抜群に素晴らしい。実践していて、信じられないほどだ。ただし、続けるにはコツがいる。

新規就農したころは何を食べるかは気にしていたが、食べたいだけ食べていた。いつも満腹だった気がする。人一倍食いしん坊なので、「もう食べられない」というときが食事の終わりだった。当時も安全な食べものを食べていたが、今から考えれば健康とは言えない。病気になっていなかっただけだ。

たまたま『断食・少食健康法――宗教・医学一体論』（甲田光雄、春秋社、１９８０年）を読んだのがきっかけで、少食を実践してみようと思った。ところが、始めてみると、腹八分で止めるのが難しい。先ほどの魚柄氏の「そもそも人類って食糧を確保するために生きとりました」を引用するまでもなく、人間の本能は食べることだから、お腹いっぱい食べたくなってしまうのだ。実際に挑戦されると分かるかもしれないが、継続は簡単ではない。食べものはたくさん目の前にある。毎度の食事で、この本能を抑えていかなければならない。

少食を実践し始めて数カ月後には、知らず知らずのうちに再び食べ過ぎてしまった。そこで、改めて『断食・少食健康法』を読んで、少食の意義を頭で理解する。そして、少食で健康になった効果を思い出す。私は何度も少食と食べ過ぎを繰り返した末、少食を続けられるようになった。

また、少食にすると他の人より早く食べ終わるので、つい食べ過ぎを助長する。これにも私なりの解決方法がある。よく噛むことと、味わって食べることだ。30~50回くらい噛み、少量でも時間をかけて食べるようにしている。時間をかけて食べると、満腹感を味わいやすい。

少食を続けられるようになると、驚くほど健康になった。まず、口内炎ができない。それまでは年に何回かできていたが、全くできなくなった。今でもほとんどできない。つぎに、疲れにくい。食べたいだけ食べていたときは、疲れやすく、へばっていることが多かった。大げさに表現すると、いくら働いても、まだ働けるという状態である。さらに、風邪をひきにくい。年に1~2回はひいていたが、数年に一回に減った。加えて、快便。調子が悪くなると便秘になりやすい体質だったが、今は違う。

少食の効果はずば抜けている。その素晴らしさを多くの方に知っていただきたい。騙されたと思って、挑戦してほしい。お金は全くかからないし、食費は減るはずだ。減った分で、有機農産物を食べ、良質の調味料を摂るようにすれば、さらに健康になり、美味しく食べられる。まさに一石二鳥である。

朝食抜きで健康に

「いつ食べるか」も重要である。朝食が大切と言われる時代に信じてもらえないかもしれないが、私は朝食抜きをお勧めする。

肉体労働している農家はとくに、「朝食抜きなんて、とんでもない」という意見があるだろう。私自身、実践する前は懐疑的だった。ところが、始めてみると全く問題ない。それどころか、快調である。

朝食を抜くことによって、1日のうちに空腹の時間が生み出される。断食が健康に良いとも言われるように、プチ断食を取り入れるのだ。朝食抜きには、腹八分と同様な効果がある。快眠、快便、疲れにくく、やる気がみなぎる。朝食抜きに慣れると、体が軽くて良い。たまに旅行などで朝食を食べると、胃がもたれる感じがする。

ただし、朝食抜きにしたために1回の食べる量が増えてしまったら逆効果なので、その場合は無理にトライしなくていい。まずは少食で、つぎに朝食抜きだ。

3食のうちでなぜ朝食を抜くべきかは、人類の歴史を考えると分かりやすい。狩猟採集生活していたころの人間は、朝食を食べられなかったらしい。朝起きて、狩りに行き、運良く獲物が獲れれば、食事にありつける。昼や夕方になって食べることが多かったようだ。

人類の400万年の歴史のほとんどは狩猟採集生活である。農耕が始まったのは約1万年前にすぎない。399万年は狩猟採集生活なのだ。人間の体に当時のリズムが今も残っている。このリズムによると、朝は排便の時間らしい。内臓がクリーニングする時間なので、固形物を胃に入れないほうがよいという。

我が家では、子どもたちは普通に食べる。育ちざかりの子どもは、きちんと朝食をとったほうがよいそうだ。当初は私と妻は何も食べなくてもよいと思ったが、子どもたちが食べる朝食の時間があるし、昼食や夕食では味噌汁をあまりいただく気がしなかったので、朝食時に味噌汁だけはいただくことにした。

人間の楽しみのひとつに食がある。この楽しみは朝食・昼食・夕食の3回だけ。朝食抜きによって、1回でもその楽しみがなくなるのは残念という方も少なくないだろう。でも、その楽しみを忘れさせるほどの健康というメリットをもたらすと考えてほしい。

ちなみに、体の調子が少し悪くなったとき、たとえば風邪をひきそうなときなど、絶食すると健康を取り戻しやすい。自然治癒力がはたらくからだ。一般的に、内臓に負担がかかって、風邪をひく場合が多い。通常は栄養を摂って安静にと言われるだろう。だが、栄養を摂るのではなく絶食によって、内臓を休ませることができる。食べれば、消化のためにエネルギーが使われる。食べなければ、体の治癒にエネルギーが向かうから、早く完治する。

「何を」食べるか、「どのくらい」食べるかが意識できたら、朝食抜きはお勧めだ。

3 体を整える

自分でできる操体法で腰痛知らず

体を整えることにも気をつけている。私は操体法のおかげで、腰痛知らず。農業は体が資本の仕事なので、体を整えることはとても大切だと思っている。腰痛になったら、いろいろな作業が苦痛になるにちがいない。

操体法は体の歪みを治す療法で、仙台市を拠点に活動した医師・橋本敬三氏（1897～1

993年)が確立した。なんといっても自分で実践できるのがよい。施術のコツさえつかめば、一人でできる。痛くなっても、病院や施術院へ行く必要はない。自分で行えば、たちどころに治る。

操体に関心をもったきっかけは、知り合いの有機農家が腰痛でとても苦労していると聞いたり、妻がギックリ腰になったりして、危機感を持ち始めたことだ。私が所属する日本有機農業研究会(日本の有機農業普及の中心的な役割を果たしてきた団体)で操体法がよく取り上げられていたことも、きっかけのひとつである。

人間の体は左右どちらかにバランスがくずれやすい。バランスのくずれた体を患者自身が動かして治す。曲がったところをまっすぐにするのではなく、逆に、曲がった方向をより曲げて、より歪ませるのが特徴だ。

体を前後や左右に曲げたり、ねじったり、伸ばしたり、縮めたりして、気持ちのよい方向と痛みや違和感のある方向を見定める。自分の体の調子を見るわけだ。そして、気持ちのよい、楽な方向にゆっくりと体を動かし、最も気持ちのよいと感じる位置で2〜3秒動きを止めて、タメをつくり、一気にストンと全身の力を抜く。

これを何度か繰り返すと、不思議なことに痛みが消える。立ったままでも、寝転んだままでも、できる。朝起きたとき、風呂から出たとき、寝る前、いつでも好きなときにやれば、体の歪みがなくなり、快調になる。実際にやってみて、効果は抜群だと感じる。少し腰が痛いと思っても、操体をすれば、ほとんど治る。一人でもできるが、二人で行えばより効果的だ。

最初は本を頼りに見よう見まねでやってみたが、よく分からないところもあった。あるとき講習会に参加してポイントやコツが分かるようになった。お勧めの本は次の２冊である。

『万病を治せる妙療法操体法』（橋本敬三、農山漁村文化協会、２００５年）

『改訂新版イラスト版からだのつかい方・ととのえ方――子どもとマスターする45の操体法』（橋本雄二監修、合同出版、２０１５年）

操体法の欠点は、講習会が非常に少なく、重点的に施術する病院や施術院があまりないことだ。それもあって、なかなか広がっていかない。テレビでもほとんど見かけないようだ。ただし、自分で勉強しようと思えば本もＤＶＤもある。どんどん活用して、まずは試してほしい。操体法を実践するようになって、腰痛は怖くなくなった。少し痛くなっても、自分で治せるからだ。

早寝早起き・頭寒足熱・汗をかく

夏でも冬でも午前4時に起きるようにしている。寝坊することもあるけれど、そう努めている。４時に起きるといっても、睡眠は十分にとる。早く起きるためには、早く寝ることだ。私は午後9～10時には寝る。

健康でないと早起きは難しい。健康だから早起きできるのか、早起きできるから健康になるのか、どちらが先か分からないが、早起きすることで自然治癒力が増すと言われている。

「早起きは三文の得」ということわざがあるくらいで、いいことずくめだ。たとえば、早寝早起きのほうが、睡眠の効率がよく、昼間の仕事の能率も向上するという。自然治癒力を説く医師の橋本行生氏は、次のように言っている。

「早朝は、一日のうちでもっとも勘が鋭く働き、判断力が発揮される黄金の時間帯である」(『新版あなたこそあなたの主治医――自然治癒力の応用』農山漁村文化協会、２００３年、47ページ)

朝の時間帯は静かで、頭も体も疲れていないので、集中できる。考えたり文章を書いたりには最適である。この黄金時間を効率よく利用して、清々しく毎日を生きていきたい。

また、私は意識しないと体が冷えやすいので、頭寒足熱になるように心がけている。文字どおり、頭を冷やし、足を温めるのだ。

私たちの体は、例外なく上半身の温度が高く、下半身は低い。とくに、足もとは31℃以下になると言われている。心臓から最も遠い位置にある足を温めることで、体全体の血流が良くなり、足先の冷えがとれ、体の温度が均一になる。その結果、病気になりにくい体へ変わる。自然治癒力が活性化するわけだ。

頭寒足熱は衣服で工夫できる。私は足もとや下半身が暖かくなるように、靴下を必ず履き、厚手のズボンやタイツを身につける。下半身が暖かいと、上半身は多少薄着でも我慢できる。反対に、上半身を厚着して、下は薄いスカートやタイツという人を見かけるが、健康には良くない。

お風呂に入るときは、肩まで入らず、胸から下だけをお湯につける半身浴にしている。このほうが体の芯から温まるようだ。

さらに、体を動かして汗をかくことも大切である。農家の場合は、とくに意識しなくても体を動かすので問題ない。自然と汗をかく。だが、現代社会ではコンピュータの出現で体を動かす仕事が減り、冷房の普及も影響して、汗をかく機会が少なくなった。人間は汗をかけないと、体温調節がうまくいかず、新陳代謝が悪くなると言われる。冷えの原因にもなるそうだ。だから、なるべく体を動かして汗をかくような仕事や暮らしが望ましい。

古武術の発想を取り入れる

健康とは直接関係ないかもしれないが、体の使い方についての興味深い考え方に最近出会った。古武術である。「古武術介護」を提案している岡田慎一郎氏が、さまざまな体の使い方を

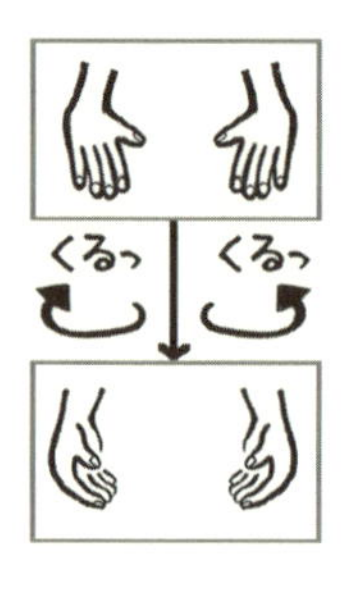

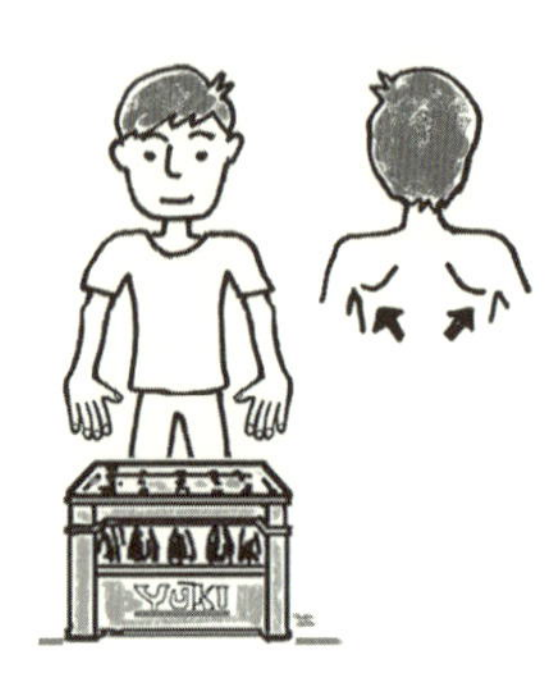

紹介している。岡田氏は武術研究家の甲野善紀氏と出会い、甲野氏が研究する武術的な身体法を介護に応用した。体の使い方を合理的に工夫すれば、体力や筋力がなくても疲れにくい介護方法があるという。これらを暮らしや農作業に取り入れていきたい。

早速取り入れたのが手のひら返しだ。重いものを持つときに威力を発揮する。たとえば米袋を持つとき、手のひらを返して持つと軽くなる。30kgのお米でも軽く感じる。ビール瓶をケースごと運ぶ場合も同様だ。また、手のひらを返したまま赤ちゃんを抱っこすると、あまり力がいらない。

通常の持ち方では、腕の力だけに頼るが、手のひらを返すことによって、背中と腕が連動し、ずっとラクに持つことができるのだそうだ。ぜひ試していただきたい。違いに驚くはずだ。

第6章 イノシシ・シカ・サル・ハクビシンと格闘

獣害対策モデル事業の一環で設置したモデル圃場

1 獣害対策しながら営農

2002年に新規就農して以来、野生動物との闘いが続いている。とくに、イノシシ・シカ・サル・ハクビシンの被害が大きい。

これまで、水稲がイノシシ、カボチャやトウモロコシなどがサルにやられたり、大豆がイノシシやシカで全滅したり、多くの被害にあってきた。専業農家だから、もちろん絶対になんとかしたい。必死になって獣害対策を実践してきた。サルだけはどうにもならないという声もよく聞かれるが、十分な対策を採れば大丈夫だ。私たちは電気柵で、農作物をサルから守っている。サルが出没する地域でもきちんと営農できることを証明したい。

獣害に困っている人たちや、これから中山間地域で就農する人たちに、就農以来ずっと野生動物と向き合ってきたからこそ伝えられる大切な心得を2つ述べておきたい。

第一に、少なくとも中山間地域では獣害対策を常に行っていかなければならない時代に突入したという意識をもつ。獣害対策をしなくてよい時代は終わったのだ。あらゆる農家が病害虫対策を行うように、獣害対策を行う時代に突入した。この意識改革が欠かせない。

第二に、決して諦めない。これまで何度も何度も野生動物の被害にあって、精神的に落ち込んだり、不安になったりしてきたが、そのたびになんとかしてきた。人間には知恵や道具という武器がある。これらを活用すれば、侵入を防げるはずだ。いろいろな工夫をして、野生動物に立ち向かいながら営農している人たちが、各地にたくさんいる。それらの工夫を取り入れて、活かそう。苦しいながらも、楽しみも見出せるはずだ。七転び八起きではないが、何度やられても、きっとうまくいくことを信じてほしい。

野生動物の分布域は、中山間地域を中心に少しずつ拡大している。獣害がある地域は、ない地域に比べて、対策に要するコスト(資金)と手間(時間)がかかる。たとえば、柵の費用が馬鹿にならない。金網やネット、支柱や電気柵などを買わなければならない。柵のメンテナンスや雑草の管理などには、かなりの時間が必要だ。

もっとも、獣害のメリットが全くないわけではない。獣害によって住民の結束が強まったり、地域をどうしていくかを考えたりするきっかけになる。私たちが暮らす下秋山地区では、後述するように地域ぐるみの獣害対策を行ってきた。栃木県や佐野市、東京農工大学などの研究機関、そして住民が力を合わせた取り組みである。具体的には、集落点検、講習会、草刈り、フェンス張りなどだ。

私自身は２０１３年に、鳥獣管理士という資格（３級）を取得した。宇都宮大学に2年間通い、１２０時間に及ぶ講義を受講して、野生動物の生態、被害対策の実際、柵の設置方法などを詳しく学んだ。この知識と経験を活かして、獣害に向き合っている。獣害があっても適切な対策を行えば、中山間地域で営農できることを証明してきたつもりである。

2 獣害が広がる理由と採るべき対策

獣害が広がっている理由は、日本各地で何が起きているのかを知らなければ理解できない。マクロ的な視点で人間と野生動物の関係が分かれば、これから野生動物とどう向き合っていけばよいのかが見えてくるだろう。

歴史をさかのぼると、人間はずっと野生動物と闘ってきた。たとえば、イノシシは人間よりも大幅に先に日本に生息していたらしい。イノシシは約36〜20万年前、人間は約３万年前だという（小寺祐二『イノシシを獲る――ワナのかけ方から肉の販売まで』農山漁村文化協会、２０１１年）。人間はイノシシと共存してきたのである。

明治時代に入ると、イノシシは全国的に減少したようだ。政府が野生動物の捕獲を解禁し、捕獲圧（野生動物の捕獲による存続への悪影響）がきわめて高くなったほか、焼き畑、広葉樹の薪や炭への利用で生息地が狭められたという。病気が蔓延した可能性も指摘されている。絶滅した地域も多い。

その後、エネルギー革命によって、人と山との付き合い方が急変した。１９６０年ごろまでは薪や炭を得るために多くの人びとが山に入ったが、石油を利用できるようになって、その必要がなくなる。奥山と里山の境界も曖昧になった。これは、野生動物と人間の活動領域が重なることを意味している。

耕作放棄地も増えた。それは、野生動物の餌の増加と棲み処の拡大を意味する。加えて、スギやヒノキといった針葉樹ばかりが植林された。針葉樹の下は餌となる下草が少ないので、野生動物が里に下りてくる要因となる。里には耕作放棄地や果樹があり、餌が豊富にある。なお、狩猟者が減って狩猟圧が低くなったと言われることも多いが、狩猟数そのものは増えている。２００９年の捕獲頭数は１９９８年の約2倍だ。狩猟者数は減ったものの、一人あたりの捕獲数は増えているからである。

要するに、餌が増えて棲み処が広がったから、野生動物が増えているのだ。今後も、この傾向は明治時代のような大変革がないかぎり変わらないだろう。したがって、獣害はなくならないと考えたほうがよい。繰り返しになるが、獣害対策を常に頭に入れて営農する時代に突入したと言える。

明治時代から1970年代までの約100年間は、獣害が大きな問題とならない珍しい期間だった。野生動物を絶滅させて、このような時代に戻りたいと願う人たちが農家を中心に多い。しかし、それは相当に難しいと認識するべきだ。

ところで、獣害対策というと、捕獲頭数を増やせば被害が減るという発想で進められる傾向にある。集落ごと囲うような大規模柵も、安易に設置されやすい。獣害対策の予算のほとんどは、捕獲と大規模柵に費やされる。だが、こうした対策ではうまくいかない。餌の増大と棲み処の拡大に手がつけられていないからだ。すでに、多くの研究者がこの点を指摘している。

日本の病害虫対策のほとんどは、農薬を使って排除する方法である。獣害対策も同じように邪魔な野生動物を排除するという発想だが、これではうまくいかない。

必要とされるのは総合的な対策だ。それは、住民が野生動物の生態をよく知り、環境の整備によって餌を減らし、棲み処を狭めたうえで、適切な柵を設置する対策である。最新の防除資材や野生動物の生態の知見を活かして、野生動物と向き合う対策を採っていかなければならない。

3 地域ぐるみの獣害対策

下秋山地区の獣害の現状

私たちが新規就農した２００２年はイノシシが集落に現れ出したころで、田んぼや畑に防護柵は設置されていなかった。その1～2年後には、シカも出没し始める。その４～５年後には、サルやハクビシンの被害も発生するようになった。

イノシシによる被害は水稲が多い。稲刈り時期に来るのだ。ジャガイモや里イモ、サツマイモ、人参や大豆なども被害を受ける。水路や畦が掘り起こされる被害もかなり多い。当初は、外灯の近くには近寄らなかったり、道路を横断しないので山から相対的に遠い畑には被害がなかったりした。だが、今では外灯も道路も関係なく、どこでも被害にあっている。

シカによる被害は、大豆や麦、大根、葉物などだ。大豆は豆から葉まで食べるし、葉物や麦の新芽も食べる。夜遅くに帰宅すると、車中からよくシカの姿を見る。畑や田んぼに群れでいる。警戒心が強いイノシシはめったに見かけないが、シカは頻繁に遭遇する。シカの群れがピヨーン、ピョーンと逃げていくさまを見ると、まさに野生動物の世界であり、人間とは別世界だ。跳躍の感じが実に野生的で、優雅で、たくましい。昼にいつも農作業しているところにシカの群れがいることが、なんだか信じられない。シカは夜に畑や田んぼに侵入して、作物を食べてしまう。

サルは、人間が食べるものならほぼ何でも食べる。カボチャ、枝豆、人参、ネギ、白菜、インゲン、トウモロコシなどが被害にあいやすい。昼間に群れで出てきて、群れごと畑に入って作物を食べる。一方、唐辛子やモロヘイヤ、シソなどは食べないらしい。

ハクビシンは、とくに甘いものが好物だ。サツマイモやトウモロコシ、トマトなどの野菜、ブドウやナシ、イチジクなどの果樹が大好き。夜行性で、夜に行動する。我が家もトウモロコシが全滅した経験がある。

最近では、ヤマビルの吸血被害も深刻だ。ヤマビルは山の中にも家の周辺にも生息していて、知らず知らずのうちに人間の首や腹、足につく。気付いて取ると血だらけになっていて、Tシャツや靴下が真っ赤になることもあるほどだ。血を吸われると、腫れたり、かゆくなったりすることが多い。里に下りてくるシカに付着して移動すると言われる。

現在ではイノシシとサルによる被害がひどくなり、私たちはタケノコや柿が食べられなくなってしまった。人間が食べるより先に、野生動物に食べられるのだ。どの田んぼも畑も、防護

すべての田畑を防護柵で囲って栽培している

柵で囲われている。ワイヤーメッシュ（溶接金網）や電気柵で囲わないと、ほとんど収穫できない。我が家も、２ha借りている田んぼと畑のすべてを防護柵（ワイヤーメッシュと電気柵の併用）で囲っている。

地域ぐるみの対策を始めたきっかけ

あるとき、私たちが栽培していた大豆が全滅した。毎晩のようにイノシシが来て、あれよあれよという間に食べ尽くしてしまったのだ。畑のまわりには電気柵を設置し、適切に管理していたはずなのに……。

どうすればいいか分からず、とりあえず電気柵メーカーに電話し、状況を詳しく説明して対処策を聞いた。すると、そのメーカーの社員が畑まですぐに来た。そして、電気柵をきちんと設置すれば被害にあうはずがないと言い、張り直して徹夜で見守ってくれたのだ。その真剣な眼差しや取り組みに、私は心を大いに動かされた。当事者のように、いや当事者以上に、真剣に事態に向き合ってくれたからだ。

そのころ、下秋山地区の家庭菜園は野生動物にやられっぱなしだった。イノシシがいたるところを掘り返し、サルは好きなように畑に入る。娯楽施設がない地域で、自家用野菜栽培という暮らしの大きな楽しみが奪われてしまう。今後の地域がどうなるかとても心配になり、自分が率先して動くしかないと思った。

まずは行政の職員に掛け合ってみよう。佐野市や栃木県の担当職員に電話をかけまくると、栃木県自然環境課の職員が、「県には獣害対策モデル地区事業があるので、指定を受けてみたらどうか」と勧めてくれた。理想的で総合的な獣害対策を地元住民、行政や研究機関(東京農工大学、宇都宮大学)が力を合わせて行うという。

早速、町会長に相談に行く。そのころ私は町会の役員をしており、この獣害対策モデル地区事業に取り組むべきか町会の会議で話し合った結果、手を挙げることになった。下秋山町会は60戸の世帯で構成されている。最初の会議では、地元住民、栃木県と佐野市の職員、東京農工大学と宇都宮大学の研究者あわせて約40人が下秋山公民館に集まった。2010年のことである。頑張って動けば何かが変わると思うと、私は心が踊るようで、ワクワクした。

集落点検。先頭右は東京農工大学の研究者、
一番後は栃木県職員、その他は地元住民

補助事業を利用した多くの取り組み

最初に行ったのは集落点検だ。地元住民と行政、研究機関関係者で複数のグループに分かれて集落を歩き、耕作放棄地や竹やぶ、放棄果樹などの場所を地図に落とし込んでいく。集落の現状を知る取り組みで、みんなで歩いて一枚の地図にした。つぎに、この地図をもとに、どんな対策ができるのかを話し合う。利用できる補助事業については、栃木県の担当者から説明を受けた。

また、年に1～2回の勉強会を行った。野生動物の行動や生態を学び、適切な柵の設置法などを理解するためである。獣害対策のＤＶＤを見たり、野生動物の専門家に講演していただき、「臭いや音ではイノシシシを防げない」「イノシシは夜行性ではない」など、正しい情報を身につけていく。

集落には、野生動物の餌がたくさんあった。自分たちが餌付けしているような状況を防がなければならない。また、耕作放棄地が野生動物の棲み処となっているので、刈り払いを毎年行った。栃木県の「夢大地応援団」というボランティア制度(農業・農村に関心のある都市生活者を募集して、農地の保全や復旧などを行う)を利用して、地元住民とボランティアできれいにしたのだ。山すその刈り払いも行った。こちらは栃木県の里山林整備事業を活用。仮り払いした距離は6・2㎞に及んだ。

きれいになった山すそには、国の補助事業(鳥獣被害防止総合対策交付金)を使ってワイヤーメッシュ柵を設置した。いわゆる大規模柵である。その購入費は全額交付金でまかない、設置作業は地元住民が請け負った。設置したワイヤーメッシュは横2m、高さ1m。ただし、これはイノシシ対策で、シカやサル、ハクビシンには効果がない。

さらに、竹林のタケノコや地下茎がイノシシやサルの餌となっていることから、竹の伐採も行った。参考にしたのは『現代農業』(農山漁村文化協会)の記事だ。12月から翌年2月に地上1mの高さで竹を伐採すると、2~3年で竹が枯れるという。実践してみたところ、記事のとおりに竹は見事に枯れた。竹林を根絶したい方は、挑戦する価値がある。

安い複合柵をめぐらしモデル圃場を設置

獣害対策モデル地区事業の一環として、２年目の２０１１年にはモデル圃場を設置した。獣害対策で成功している島根県美郷町の獣害対策モデル圃場「青空サロン」に私が刺激を受けたからである。下秋山地区にもモデル圃場をつくろうと、私が言い出しっぺになった。周囲に野生動物がいても、きちんと対策すれば獣害にあわずに栽培できることを集落の人たちに知ってほしかったのだ。

一緒にやってくれそうな集落の人たちに声を掛けたところ、男女合わせて６人が集まった。モデル圃場の名前は「秋山憩いの畑」だ。６ａの畑を快く貸してくださる方がいて、野生動物が侵入できない複合柵を設置した。どんな柵にするかは、私と栃木県の担当職員・丸山哲也さんとで知恵を出し合って決めた。私が設置していた柵を土台にしつつ、なるべく安く、手に入りやすい材料で、誰でも設置しやすいことがポイントである。この経緯は丸山さんが論文にまとめた(丸山哲也・関塚学・高橋安則「多獣種防護柵の試作」『野生鳥獣研究紀要』38巻3号、２０１１年、14～17ページ)。

コストは、電気柵本体(5万円前後)と電線を除いて、１ｍあたり３５０円である。これほど安い複合柵はあまり聞いたことがない。獣害で困っている方は、ぜひ検討してほしい。なお、この予算も栃木県の全額補助である。設置作業は栃木県や佐野市の職員の協力を得て、地元住民で行った。

この複合柵は、イノシシにもシカにもサルにもハクビシンにも有効だ。イノシシはワイヤーメッシュで物理的に、シカはワイヤーメッシュ上の3段の電線（地上から1・05m、1・2m、1・35m）で、サルはホース上の縦の電線とワイヤーメッシュ上の3段の電線で、ハクビシンはワイヤーメッシュから5㎝の距離の電線で防ぐ。ハクビシンに関しては5㎝がポイントで、10㎝ではくぐり抜けられてしまう。

通常のイノシシ用電気柵の電線は地上20㎝と40㎝という低い位置にあるので、あっという間に雑草が電線まで伸び、漏電しやすい。この複合柵では一番下の電線が地上90㎝の高さにあるので、雑草がすぐには伸びない。だから、比較的メンテナンスが楽だ。

設置する場所にも配慮しなければならない。樹木や電線、物置小屋などが複合柵のまわりにあると、そこからサルが飛んで入るので、2～3mくらい離して（つまり、畑を小さくして）設置する必要がある。しかし、これができないケースがかなり多い。柵は通常、畑の境界線に設置する。境界線から多少離れたところに設置すると、先祖代々の畑を狭くしてしまうという心理がはたらくためだと私は推測している。

この複合柵はずっと効果を発揮してきたが、２０１７年にサルの侵入が確認され、仕様変更を余儀なくされた。ワイヤーメッシュとワイヤーメッシュのすぐ上の電線の間からサルが侵入

図２　効果的な「おじろ用心棒」

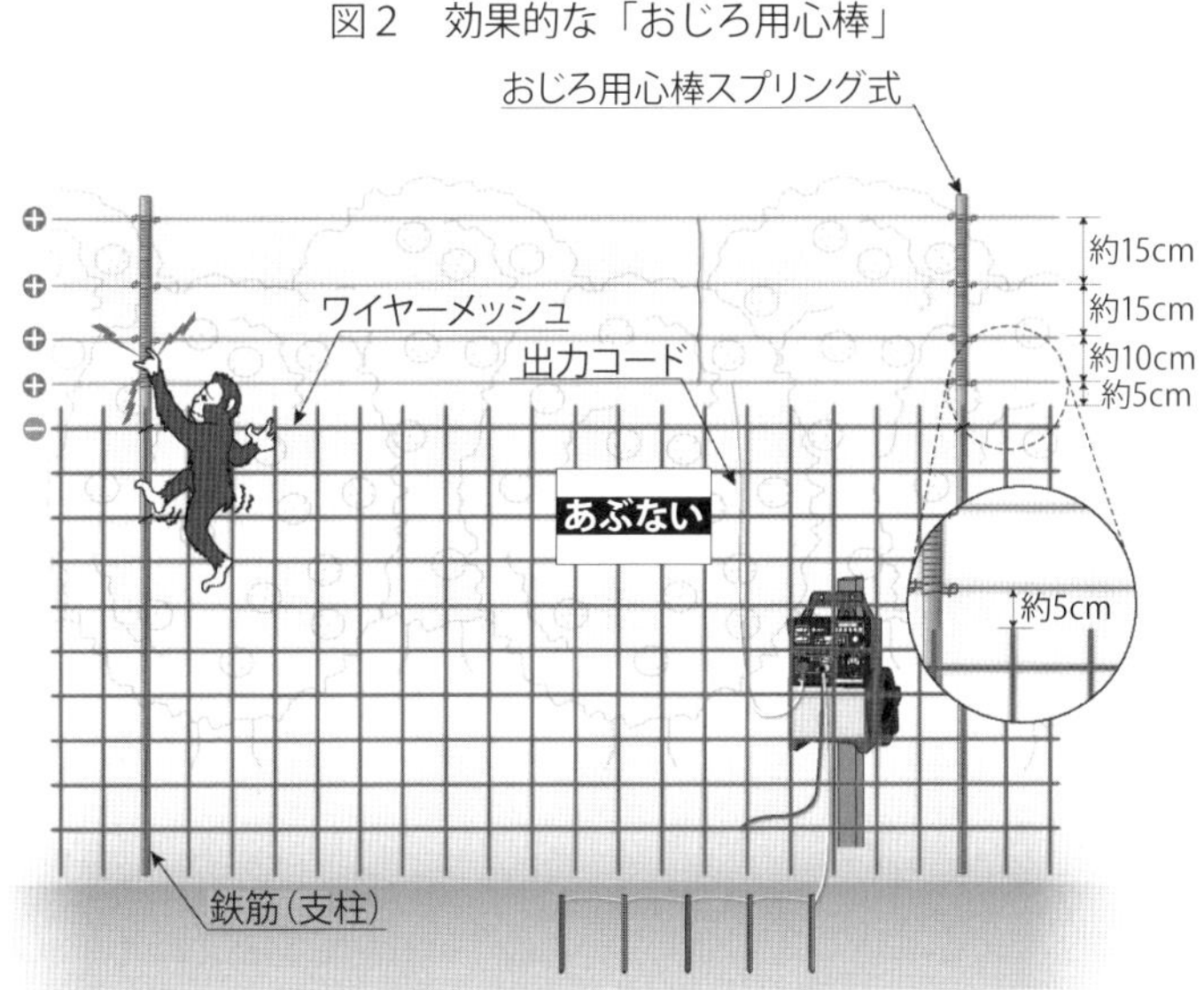

（出典）http://www.getter.co.jp/product_info_2.html

したのだ。そこで、ワイヤーメッシュ上部の電線を３本から４本に増やした（図２）。これは、兵庫県香美(かみ)町の小代(おじろ)地区で考案されて効果が確認された「おじろ用心棒」という防護柵の電線の張り方を真似している。いまのところ、被害はない。

モデル圃場には毎週日曜日に集まり、種播きや定植、草取りなどを６人で作業した。ここで栽培したのは、獣害によくあうトウモロコシ、カボチャ、トマト、サツマイモなどだ。いずれも獣害にあわずに収穫でき、みんなで分け合った。

地域ぐるみの獣害対策の成果と課題

獣害対策モデル地区事業の結果、ある程度イノシシ対策は進んだ。大規模柵や個人の防護柵で被害はかなり減った。栃木県内では、他の地域に比べてさまざまな獣害対策事業に取り組んだ地域であるという自負もある。

ただし、すべてがうまくいったわけではない。シカ・サル・ハクビシンについては地域ぐるみの対策はほとんどできなかったと言わざるを得ない。たとえばサルに関しては、地域ぐるみの追い払いがかなり有効であると分かっていたが、実践できなかった。ちなみに、有効な追い払いとは次のような取り組みである（江口祐輔監修『最新の動物行動学に基づいた動物による農作物被害の総合対策』誠文堂新光社、２０１３年、78ページ）。

①農作物以外や他人の畑でも、サルを見たときは必ず追い払う。
②集落の誰もが（老若男女を問わず、できるかぎり多くの人が）追い払う。
③サルが侵入した場所に集まり、集団で追い払う。
④サルの群れを後ろから追い立てるように、サルが集落から出るまで（ときには山の中まで入って）追い払う。
⑤サルに向かって飛んでいく、複数の威嚇資材を使う。

こうした対策を採れば、サルがその集落は危険だと学習し、避けるようになるという。

下秋山地区では、サル対策の講習会は行ったが、話を聞いただけで実践にまで移すことができなかった。やはり、率先して取り組む人がいなければ、うまくいかない。有効な追い払いを理解し、実行するリーダー的存在が一人でもいれば、地域が動き出したかもしれない。自分がその役割を引き受けなければと何度も考えたが、農作業に追われ、率先して活動する覚悟を決められなかった。その結果、地域ぐるみの追い払いは実現しなかったのだ。

また、先に紹介した複合柵を実際に設置したのは、私以外に2人だけだった。地域に広がったとは言い難い。自分としては、誰でも簡単に設置できるように工夫し、しかも設置費用もできるだけ抑えたつもりである。だが、地域の人たちは設置が難しいと感じたのかもしれない。地域の人たちに対して、この複合柵の効果や設置方法を世間話とともに語る時間がもっと自分にあったら、結果は変わっていたかもしれないが、農作業が忙しくて、そこまでの時間はなかった。

そして、モデル圃場も4年で解散した。これは第7章で詳述する地域おこしが始まって私が忙しくなったためで、仕方なかったように思う。

一方で、地域ぐるみの獣害対策がうまくいった地域も少ないながら存在する。前述の美郷町のほかにも、三重県伊賀市の下阿波(しもあわ)集落では、環境整備や防護柵、追い払いなどを活用して、サルによる被害防止に成功した。島根県江津(ごうつ)市の上北(かみきた)集落でも、徹底的な追い払いが功を奏している。こうした地域の共通点は、情熱ある専門家と超協力的な地域住民が一緒になって取り組んでいることのように私には思える。加えて、自分の力不足も、うまくいかなかった原因のひとつかもしれない。

とはいえ、地域ぐるみの獣害対策に多くの地元住民が参加したことは良かったと思っている。集落点検や、勉強会、刈り払い作業などには、毎回30人くらいが参加した。町会が60世帯である点を考えると、相当に高い比率と言える。

獣害対策に取り組もうとしても、人が集まらない地域が少なくないようだ。なぜ、下秋山地区では多くの住民が参加したのだろうか。

下秋山地区は南北に長い集落で、東や西に行くには林道しかないため移動しにくい。もともと地域のまとまりがあったのではないかと思う。また、過疎化と高齢化が進み、何かしないと取り残されると地元住民が感じていたこともあっただろう。さらに、私のようなIターンの若い新規就農者が言い出しっぺになったことで、地元住民が協力してみようかという雰囲気になったのかもしれない。

このように地域ぐるみの獣害対策はすべてがうまくいったわけではないが、このときのさまざまな取り組みが地域おこしにつながったのではないかと自分では考えている。

4 田畑を獣害から自分で防ぐ方法

地域ぐるみの獣害対策が難しい場合は、自分で田畑を守るしかない。新規就農して以来、獣害に向き合ってきた経験と知識から、農家として知っておいたほうが得する情報を伝えたい。獣害と無縁の方は読み飛ばしてかまわない。必要になったときに読んでいただければ幸いである。

本章の冒頭で述べたように、まず重要なのは、獣害対策を当たり前のように行う時代に突入したという意識改革と、何度やられても諦めない精神力だ。

そのうえで、第一に適切な柵の設置が欠かせない。ワイヤーメッシュやトタン、電気柵などを用いて、野生動物の田畑への侵入を阻止しなければならない。複数の野生動物が出没する地域では、複数の動物を防止できる複合柵をお勧めする。

第二に、適切な柵が設置できたら、適切なメンテナンスが大切だ。電気柵については、テスター(専用の検電器)を用意する。テスターがあれば、定期的に電圧をチェックできる。そして、電圧が下がっていたら、バッテリーの充電不足なのか、柵の問題なのかを判別する。その方法は意外に知られていないようだ。

まず、電気牧柵器(電気柵本体)の出力側(＋端子)を田畑に設置された柵の電線からはずす。そして、出力側をテスターと直接つなげて、電圧を測る。電圧が6000〜9000ボルトであれば、バッテリーに問題はない。電圧がそこまで上がらなければ、バッテリーの充電不足か電気柵本体の不具合である。

つぎに、電気牧柵器の出力側を田畑に設置された柵の電線につなげた状態でもう一回、電圧を測る。電線につなげたときに電圧が下がる場合は、柵の電線側の問題である。雑草が電線に触っていてそこから漏電していたり、電線がどこかの金属に触っていて漏電している可能性もある。漏電の原因を発見しなければならない。最低でも3000ボルト流れていなければ、野生動物には効かないと言われている。

我が家では8台の電気牧柵器を使用している。このメンテナンスだけでも、けっこう大変だ。自動車用のバッテリーを電源として利用すれば、1カ月に1回の充電で通常は(漏電していなければ)大丈夫なので、メンテナンスの負担を少しは減らせるだろう。

第三に、野生動物の被害にあった場合に早めに対処することが重要である。なぜなら、初期に対応しておかないと野生動物の執着心が強くなり、後から適切に柵を設置しても突破される場合が多いからである。このことは経験的に強く感じている。たとえば、我が家で大豆が全滅したときは対策が遅れ、どんなに適切に柵を設置しても何度も突破された。このときのイノシシの執着心は凄まじかった。

電気柵は心理柵と呼ばれ、心理的に怖がって入らなくさせる目的である。物理的に入れないわけではない。少し痛い思いをしても、入りたいという気持ちが勝てば侵入する。そこまでの執着心をもたれると、物理的に防ぐしかない。しかも、翌年以降も影響が出る可能性が高い。

いつも農作業に追われていて、こんな忙しいときに柵の設置やメンテナンスなんてやってられるか、と泣きそうになることも多々ある。しかし、忙しいなかでも初期に対応しないと手遅れになるのだ。逆に言えば、意識改革と諦めない精神力、適切な柵の設置と管理、初期の対応の重要性を理解していれば、獣害がある地域でも営農していけるだろう。

〈お勧め文献〉

井上雅央『これならできる獣害対策』農山漁村文化協会、２００８年。
江口祐輔監修『最新の動物行動学に基づいた動物による農作物被害の総合対策』誠文堂新光社、２０１３年。

第7章 日本酒とワインと地域おこし

地酒あきやま(佐野市秋山地区)が完成するまで

1 あきやま有機農村未来塾をつくる

最初は却下された提案

２０１４年10月に回覧板が回ってきた。「これからの秋山地区をみんなで考えよう」という主旨の会議のお知らせだ。「なんだか楽しそう、参加してみたい」と私は思った。

１回目の会議の参加者は約25人で、ほとんどが団塊の世代。その中に41歳の自分がぽつんとひとりいるような感じだ。話題の中心は獣害やヤマビルについてだったが、佐野市の職員の話が印象に残った。「里の〝守〟サポート事業」という中山間地域を対象にした栃木県の補助事業(１年間で２００万円)があり、それを地域おこしに活用できるという(佐野市からも２０１５年度予算で１００万円の補助が得られた)。

秋山地区は過疎化・高齢化が進む典型的な中山間地域である。水や空気が美味しいし、景色も素晴らしい。しかも、いい人ばかりだ。農業経営がある程度軌道に乗っていた私は、心に余裕が少しあった。地域ぐるみの獣害対策を行う過程で、地元の人たちや行政職員と協力して物事を進めることにも慣れてきた。自分にできることがあるかもしれない。地域おこしに積極的に関わりたいと思った。

都市化が進んだ現在では想像しがたいが、第二次世界大戦前には人口の8割が農村部に住んでいたらしい。今では、それが逆転している。また、日本は１００年間で人口が2・5倍にまで増え続けてきたけれど、２００８年を境に減少に転じた。自然に人口が減るのは日本の歴史上初めてのようだ。過疎化・高齢化と急激な人口減少に加えて、獣害もあり、秋山地区がこの先どうなっていくのかという不安が私にはあった。実際、集落に一人暮らしの老人や空き家が増えている。コミュニティの弱体化は目に見えて顕著だ。

一方で、私たち夫婦は有機農業や農村の素晴らしさを実感している。それを多くの人に伝えたいと思い、イベントを開いたりウェブサイトで情報発信したりしてきた。そうした農業や農村の良さを広める活動を地域おこしとして、地元の人たちと一緒にできるかもしれない。そう考え始めたのは、この会議がきっかけだった。

11月に行われた2回目の会議で、私はひとつの提案をした。ヤマブドウを栽培してワインをつくり、地域おこしにつなげられないか、という内容である。もともと、自分でいつかヤマブドウを栽培したいと考えていた。ヤマブドウは無農薬で栽培しやすく、ヤマブドウで醸すワインは最高に美味しいらしい（永田勝也『新特産シリーズ　ヤマブドウ――安定栽培の新技術と加工・売り方』農山漁村文化協会、2003年)。国産無農薬ワインで地域おこし。心が躍るようだ。

私は会議で一所懸命プレゼンテーションした。しかし、多くの人の賛同は得られなかった。ヤマブドウを栽培してから最初の収穫まで、少なくとも3年はかかる。本格的な収穫までは5年だ。「俺なんか死んでらあ」とも言われた。

3つの事業を実施することに

どうしたら賛同してもらえるか。悩んだ末に、12月の3回目の会議では日本酒づくりを提案した。酒米を栽培し、酒蔵に委託醸造し、秋山地区ならではの日本酒を販売するのだ。佐野市内では同様な取り組みがすでに行われていた。先行事例があるのだから、それほど苦労せずに取りかかれるのではないかと持ちかけると、今度はみんなが簡単に同意した。参加者たちはお酒、とくに日本酒が大好きだったので、賛成したようだ。

日本酒づくりが決まると、その勢いでヤマブドウも栽培すればよいという話になった。お酒づくりの事業が2つになったが、自分もお酒が好きだから異論はない。ワクワクしてくる。

実はこの3回目の会議から、ヤマブドウワインで地域おこしは面白そうだと、同世代が何人か参加し始めた。子どもが通う小学校のPTAでつながる人たちだ。地元で育った人もいれば、結婚を機に秋山地区で暮らすようになった人もいる。サラリーマンや自営業、主婦など仕事はいろいろだ。こうして、会議は団塊の世代と40代がそれぞれ10人くらいずつという構成になった。幅広い世代による地域おこしになって喜ばしい。

お酒づくりに加えて、お茶のイベントの復活も決まった。２０１１年の東京電力福島第一原子力発電所事故の影響で放射能汚染が問題になり、それ以降中止になっていたのだ。秋山地区でつくられているお茶の葉を摘んで、お茶を手づくりするイベントである。補助金で製茶用の乾燥を行う焙炉（ほいろ）を２台購入（約60万円）することも決まる。

こうした事業を行う団体名については、地名と有機のイメージを前面に出したかったので、「あきやま有機農村未来塾」（以下「未来塾」）を提案し、メンバーに了承していただけた。代表は地元で林業を営む藤川昭夫さん。20年以上続く地域おこし団体「秋山の里協議会」の代表でもあり、地域おこしの中心的な役割を担ってきた方である。私が事務局長を引き受けることになった。そして、秋山地区で生まれ育った佐野市職員の萱原崇さんが監事を務め、行政との橋渡し役を担っている。その存在は非常に大きい。

あきやま
有機農村
未来塾

かわいいロゴもつくった

未来塾の活動が正式に始まったのは２０１５年４月

あきやま有機農村未来塾のメンバー
佐野市長を囲んで、設立時の集合写真

で、地酒部会、ヤマブドウワイン部会、手もみ茶部会の3つがある。情報発信は主にインターネットだ。予算がないので、ウェブサイトやブログは自分でつくることにする。関塚農場のウェブサイトをつくった経験があるので、それほど苦労はなかった。フェイスブックページをブログに利用している。

外部の力も借りる

私は会議で、コミュニティデザイナー、つまり地域おこしのプロを秋山地区に誘致することも提案した。3つの事業を行うだけでなく、地元住民がより円滑に意思疎通を図れるようになったり、地域の課題を浮き彫りにしたり、その課題解決に向けたヒントが得られたりすることを期待したからだ。もちろん、それは無料の事業ではない。効果に疑問をもって反対意見も出たが、最終的には合意が得られた。

私は、各地でコミュニティづくりに取り組む「スタジオエル」の代表である山崎亮氏をテレビで見たり彼の本を読んだりしていたし、スタジオエルスタッフのセミナーを受講した経験がある。そこでスタジオエルが真っ先に頭に浮かび、お願いしたところ、スタッフの洪華奈（ほんふぁな）さんが1年間お手伝いしてくれることになる。洪さんには毎月１回の未来塾の会議に出席していただき意見を聞くほか、個別に相談に乗ってもらった。

２０１５年10月には二日間にわたって「あきやま暮らし未来キャンプ」を開催した。洪さんとインターネットで募集した６人のボランティアがそれぞれ秋山地区の家を訪問。暮らしていて感じる良さや不安を聞くほか、地区を歩いて気になったことや魅力に感じたものを集めた。これは、外部者の視点で秋山地区の魅力を探るとともに、課題の整理にもつながったと思う。

また、彼女の提案で「あきやま暮らし手帖」という地元向けの通信（1号と2号）を発行した。地元住民には、未来塾に参加する人も参加しない人もいる。この通信によって、とりわけ参加しない地元住民に対して、未来塾の活動をイラスト付きで報告できた。

あっという間の1年だったが、こうした活動によって、地元住民が気付いていない魅力が発掘されるとともに、課題が浮き彫りになったと思う。魅力は、私たちが強く感じているように、人間が生きていくうえで欠かせない水や空気がきれいで、住民が少ないがゆえに住民同士のつながりが良い意味で濃密なことである。同時に、過疎化・高齢化が顕著で、一人暮らしの世帯も少なくなく、獣害もなくなりそうにない現実が改めて明らかにされたのだ。

この補助事業には1年間という期限があった。3年や5年という期間で取り組めれば、もっといろいろな活動ができたと感じている。

また、佐野市では初めてとなる地域おこし協力隊の受け入れも決まった。2回目の会議で佐野市職員から、地域おこし協力隊の制度を活用してみてはどうかという提案があったのだ。3つの事業で仕事量が多いし、反対はなく、受け入れようという雰囲気で話がまとまった。こうして、未来塾の活動をサポートする目的で佐野市が募集し、市内出身の20代の女性が2015年7月から3年の任期で着任。ウェブサイトやブログの更新、イベントのチラシ作成や広報、佐野市や栃木県との連絡・調整など、活動のサポートをしてもらった。

地域おこし協力隊員には、事業や組織に対しての提案や意見など多くの可能性があると思う。しかし、未来塾の場合は事務的な仕事に終始する結果となってしまった。隊員と最も身近に接しなければいけない立場にあった事務局長としての自分の力不足である。

2 酒米を有機栽培して地酒をつくる

1年目の栽培は大失敗

地酒部会では、酒米を自分たちで栽培し、収穫した酒米を酒蔵に委託醸造し、完成した日本酒を佐野市内の小売店で販売する。

秋山地区は水が大変きれいで、寒暖の差が大きい。収量は少ないが、非常に美味しい米が収穫できる。美味しいお米だからこそ、美味しい日本酒ができるにちがいないと、私は信じた。地元で有機栽培した酒米で、日本酒ができる。想像するだけで心が高鳴る。

まず、耕作放棄地を借りた。2～3年間耕作されていなかった17ａの田んぼだ。地主さんが未来塾に協力的だったので、すんなりと借りられた。つぎは無農薬で栽培する人だ。誰に頼もうかと考えていたところ、地酒部会のメンバーのひとりが手を挙げた。地域ぐるみの獣害対策で一緒に活動した人で、地域おこしにとても熱心だったので、やってもいいと思ったのかもしれない。私は何とも言えないほど嬉しかった。

　また、補助金で稲作に必要な機械を中古でそろえた。田植機、播種機、乾燥機だ。有機農業では成苗(大きな苗)植えが基本なので、成苗植えに定評のあるポット苗用の田植機と播種機を選んだ。

　一口に酒米といっても、いろいろな品種がある。私たちは酒蔵と相談して、五百万石(ごひゃくまんごく)を有機栽培することにした。山田錦や美山錦などと並んで有名な品種だ。珍しい品種の栽培も頭に浮かんだが、調べてみると手に入れられる種籾が限られている。有機栽培に向いているかまでは分からなかったが、とりあえずポピュラーな品種で、種籾を手に入れやすい五百万石を選んだ。

　酒米は酒づくりに向くように品種改良されているので、粒が大きく、心白(米の中心部分)も大きい。日本酒をつくる際に多く削るからだ。純米吟醸の場合、仮に精米歩合60%とすると、40%がヌカとなる。純米大吟醸の場合は半分以上を削る。これに対して白米の精米歩合は90%だ(ヌカとして捨てるのは10%)。また、心白が大きいほうが麹をつくりやすいという。

　田植えと稲刈りは、関塚農場と同じくイベントで行った。多くの人が来れば地域活性化につながるからだ。イベントに参加して栽培に少しでも関わったという意識をもってもらい、日本酒の販売促進につなげる狙いもある。秋山地区の人も地区外の人も参加できるようにして、1年目は地元40人、地区外20人が参加し、大盛会となった。

田植えもその後の管理も上々。第1章で述べたように田植え後一度も草取りはしなかったが、草は生えなかった。ところが、カメムシが信じられないくらい大発生した。ひとつの穂に10匹くらいだろうか。これほどひどい状態を私はいまだかつて見たことがない。耕作放棄地に栽培したため、土が肥えすぎていたのかもしれない。耕作放棄地でも草刈りは行うので、積み重なった草が肥料となり、土が豊かになっている場合が多い。

結局、ほとんどの酒米は不稔、すなわち実らなかった。17ａで栽培したのに収穫量はわずか30㎏。秋山地区の通常の収量なら17ａで７００㎏前後だから、１割以下にすぎない。この量では使いようがなく、関塚農場で栽培したコシヒカリ（玄米重量３３０㎏）を使って醸造することにした。

３日間で完売

栽培は大失敗したものの、２０１５年12月末に一升瓶２００本が製造できた。すると、なんと３日間で完売！　秋山地区の人も地区外の人も、多くが欲しい本数を購入できなかったようだ。私たちにとっては嬉しい悲鳴となった。なお、値段は３２４０円（消費税込み）である。

ここで、委託醸造から販売までを述べておきたい。自分たちでの醸造は予算面でも技術面でもハードルが高すぎるので、酒蔵での委託醸造と決めていた。佐野市内で同じ取り組みをしているグループのメンバーに、小ロット（最低３６０kg）でお願いできる来福酒造（茨城県筑西市）を紹介してもらった。通常の最低ロットは15～20俵（９００～１２００kg）と言われるから、大幅に少なくてすむ。何しろ初めての取り組みだから、量が多いと完売できるか不安だ。未来塾側での全量買い取りが条件だったが、この程度の量なら大丈夫だと考えた。

精米歩合は55％程度が良いと勧められ、私たちもそう思っていたので、55％でお願いした。いわゆる純米吟醸である。来福酒造は味に定評のある酒蔵で、実際、申し分なかった。日本酒は米を削れば削るほど、研ぎ澄まされた味になっていく。雑味が少なくなるのだ。ただし、削れば削るほど多くの米が必要になり、値段は高くなる。

完成した地酒あきやま
生（左）と火入れ（右）の２種類

酒類は、免許がなければ販売できない。たまたま未来塾のメンバーに酒類を扱っている小売店主がいたので、そこで販売した。名前は地名の秋山をひらがなにした「あきやま」に、すんなり決定。秋山地区の地域おこしにふさわしい名前である。

一升瓶の題字は佐野市出身の書道家さおりさんに書いていただいた。ダイナミックなパフォーマンスで知られ、海外留学経験を活かした外国人向け書道体験を開催するなど、国内のみならず、世界へ書道を広める活動を行う書道家だ。彼女は秋山地区に足を運び、景色を見て住民に会い、そのイメージをもとに、力強い題字を書いてくださった。

完成会には地区外の人も含めて多くが参加し、約10本を全員で飲んだ。この完成会は毎年、開催している。

２年目の２０１６年も栽培がうまくいかない部分もあったが、販売は順調。半年で完売した。これまでの概要は以下のとおりである。

２０１５年――栽培面積17ａ、収穫量五百万石30kg（関塚農場のコシヒカリ玄米３３０kgを使用）、一升瓶２００本（生１００本、火入れ１００本）

２０１６年――栽培面積20ａ、収穫量五百万石とコシヒカリあわせて玄米５０５kg、一升瓶２００本（火入れ）、四合瓶４４５本（生２００本、火入れ２４５本）

２０１７年――栽培面積17ａ、酒米の品種をとちぎ酒14号に変更して収穫量玄米４２０kg、一升瓶93本（火入れ）、四合瓶４６３本（生２６３本、火入れ２００本）

２０１８年――栽培面積22ａ、ただし不稔となり、醸造を断念。

3 ヤマブドウで夢の国産無農薬ワインをつくろう

ヤマブドウを栽培してワインをつくりたいと思ったきっかけは、193ページで触れた『新特産シリーズ ヤマブドウ』だ。そして、里の〝守〟サポート事業の話を聞いて最初に考えたのは、ヤマブドウワインで地域おこしをすることだった。ヤマブドウを選んだのは、主に2つの理由からである。

第一に、無農薬で育てやすい。ワイン用のブドウはシャルドネやリースリング、カベルネ・ソーヴィニヨンなどが有名だが、主にヨーロッパやアメリカで品種育成された品種なので、雨の多い日本では無農薬栽培がとても難しい。一方、ヤマブドウは日本に自生していた品種なので、無農薬栽培しやすいらしい。もっとも、実際に無農薬で栽培しているワイナリーは非常に少ない。有機農業が盛んなことで知られる埼玉県小川町では、武蔵ワイナリーがヤマブドウ交配種を栽培しているという。

第二に、生で食べるとそれほど美味しくないけれども、ワインにすると最高らしい。色素が濃く、酸味が強く、香りもよいワインになるようだ。『誰でもできる手づくりワイン――仕込み2時間2カ月で飲みごろ』(永田十蔵、農山漁村文化協会、２００６年)の次の文章がとくに印象に残っている。

「まずいブドウは、よいワインになる」

ヤマブドウといってもいくつか品種があるので、まずは品種を決めなければならない。品種選定も含めた栽培指導には、里の〝守〟サポート事業の補助金が利用できた。私が無農薬で栽培しようと考えたとき真っ先に頭に浮かんだのは、無農薬ブドウ栽培とワインづくりにいち早く取り組んできた故澤登晴雄氏である。晴雄氏の姪にあたる澤登早苗氏と日本有機農業研究会の活動を通じて知り合いだったので相談したところ、「くずまきワイン」の服部健さんを紹介していただいた。

ヤマブドウは岩手県が有名だという。服部さんは、岩手県葛巻(くずまき)町で地元の特産物であるヤマブドウを利用したワインづくりに積極的に取り組んできた。その服部さんに勧められたのは、岩手県が育成した「涼実紫(すずみむらさき)」だ。酸味がそれほど強くないのが主な推薦理由で、私は迷うことなく、涼実紫に決めた。

ただし、無農薬栽培はかなり難しいのではないかとおっしゃる。ほとんどの産地で、農薬を使用して栽培しているらしい。全くの無農薬で栽培する人もいるが、収量は激減するそうだ。

私が栽培しているヤマブドウの雨除けハウス

それでも、「雨よけ栽培すれば大丈夫なのではないか」とアドバイスをいただき、私たちは雨除け栽培を決断した。屋根にだけビニールを掛けたハウスで、雨がブドウにあたらないようにして栽培する方法である。

当然、資材経費が多くかかる。補助金は限られていたので、栽培面積を減らさざるを得ない。当初予定は約20aだったが、2カ所の畑に3aずつ、合計6aの規模でスタートした。いずれも耕作放棄地で、私と栽培に手を挙げたヤマブドウワイン部会のメンバーが、それぞれの畑に栽培している。

最初の植え付けは2016年4月の植樹祭で行った。フェイスブックやチラシで広報したところ、地元住民と地区外の人（遠くは長野県からも）あわせて約30人が参加。子ども連れから大学生、団塊の世代に至るまでが訪れ、男性のほうがやや多かった。２０１７年には補助事業を受けて４・５aの畑を新たに借り、現在は合計10・５aである。

植え付け後は、服部さんに夏季剪定（せんてい）の指導をしていただいた。夏季剪定の目的は、ヤマブドウの樹形を整えることである。ヤマブドウはつる性の果樹で、何本も枝が出てくるので、主枝を2〜3本に決めて、他の枝は切除しなければならない。果樹を本格的に栽培した経験が私にはないので、不安も大きい。

ヤマブドウは植えてから3年で初収穫になり、5年で本格的に収穫できるようになる。醸造は日本酒と同じように、小ロットに対応できる栃木県内のワイナリーに委託する予定だ。１００kg以上の収穫があれば、引き受けていただけることになっている。植えてから4年目の２０１９年秋には、醸造を開始したい。

秋山地区で栽培したヤマブドウからつくられたワインの完成をみんなで祝い、飲んで、しかも地域活性化につなげられたら、どんなに嬉しいだろう。

4 自家用のお茶の木で茶摘みイベント

手摘み・手もみのお茶づくりイベントは、2015年から毎年5月に開催している。5月はお茶の新芽が芽吹き、茶摘みにちょうどいい季節だ。このイベントは、あきやま学寮という佐野市営の宿泊施設にある体験館で行う。土間と大広間があり、イベントにはもってこいだ。

お茶を摘み、手もみして、乾燥させるまでの作業を、地元住民と地区外の参加者が一緒に行っている。地区外の参加者の大半はお茶づくりが初めてで、とても楽しそうだ。地元住民も、彼らと一緒に作業するのが楽しそうに見える。このイベントにも子ども連れや若い人から年配まで幅広い層が参加し、男女比は半々くらいである。金曜日に地元住民がお茶を摘み、土曜日と日曜日には地区外から訪れる。続けて出席する人もいて、3日間に用意する弁当の数が180食になるほどの大きなイベントになっている。

ただし、秋山地区に広いお茶畑があるわけではない。昔の人が家のまわりや畑と畑の境などに自家用に植えたお茶の木が残っているのだ。かつては、そのお茶の葉を自分たちで摘み、囲

地元住民と地区外の参加者が並んで茶摘み

炉裏端で製茶して飲んでいたという。現在ではお茶が簡単に購入できるので、木はあっても自家製のお茶をつくる人はいない。その木を利用したイベントである。

なぜだか知らないが、茶摘みは女性、製茶は男性の仕事と決まっていたそうだ。お茶を摘んだ経験がある60代や70代の地元女性と一緒に茶摘みをすると、そのスピードに驚かされる。めちゃくちゃ早いのだ。一所懸命にやっても、全く追いつかない。田植えのときも子どものころから手植えをしていた人のスピードにはかなわないことを実感したが、茶摘みも同じだった。

お茶を摘んだら、ごみを取り除き、葉を蒸して、焙炉（ほいろ）の上で手もみしながら乾燥させていく。どのくらい蒸したらよいかは、ベテランでなければ加減が難しい。手もみしながらの乾燥には、かなりの時間を要す。量にもよるけれど、4時間くらいはかかる感じだ。

イベント中には体験館にお茶の良い香りが充満する。この香りを嗅いでいるだけで、嬉しくなってくる。完成したお茶を飲んでみるとさわやかな甘みで、とても美味しい。自分たちで摘み、製茶したので、とりわけ美味しく感じるのだろう。みんなで苦労してつくったお茶は、イベントの2日間に販売する。毎年、ほぼ即日完売だ。

新緑がまぶしい、一年のうちで最も気持ちの良い季節に、たくさんの人たちで作業するのは、それだけで最高の気分になる。興味のある方は、ぜひ参加していただきたい。

5 空き家をお試し住宅に

未来塾の活動が3年目に入った2017年には、お試し住宅の運営も始めた。お試し住宅とは、空き家を改修して、田舎で暮らしたい人のために貸す制度である。全国的に空き家が増えていると言われる。秋山地区でも同様で、10~20軒はあるだろう(ただし、少し手を入れれば住めそうな空き家は2~3軒しかない)。

このお試し住宅の特徴は、行政ではなく未来塾が運営していることである。任意団体が運営しているケースは、めったにないだろう。目的は移住者を増やすことだ。水も空気も美味しく景観も良いので、田舎暮らしを体験したい人に試しに住んでもらい、移住・定住につなげたいと考えての取り組みである。

始めるにあたって、利用できそうな空き家を未来塾でピックアップ。何軒かの家主さんに、代表や私を含めた数人の役員が交渉した。断られた場合もあったが、ある家主さんが未来塾の活動目的に理解を示し、こころよく貸してくださった。過疎化と高齢化が進む秋山地区をなんとかしたいという未来塾の気持ちに、応えていただけたのだろう。形式的には、家主さんから未来塾が借りて居住希望者に貸している。

この取り組みは、佐野市のおためし住宅整備支援事業に採択され、１００万円の補助金を利用して床や天井の改修を地元の大工さんに頼んだ。その際、漆喰塗りのイベントを開催して、未来塾のメンバーや地区外の参加者と一緒に壁塗りを行った。素人たちだから、それなりの仕上がりだが、以前よりは数段きれいになったと思う。

利用期間については未来塾のメンバーで検討した結果、1カ月以上1年未満に決めた。最低一カ月としたのは、それ以上短いと受け入れる側の事務手続きが煩雑になることを懸念したからである。未来塾の活動は基本的にボランティア（無償）だから、あまりに対応頻度が多いと大変になると考えたのだ。一方で、あくまでもお試しなので、1年を限度とした。住んだうえで秋山地区が気に入っていただければ、他の空き家を紹介して移住につなげたいと考えている。

建物面積20坪、木造平屋建てで、家賃は月額3万円(電気・ガス・水道料金は別途実費)。家のすぐ前にきれいな川が流れ、家庭菜園ができる程度の畑も付いている。冷蔵庫、洗濯機、テレビ、炊飯器なども用意してあるから、気軽に住み始められる。

改修が終わると、未来塾で入居者を募集した。チラシを作成し、佐野市内の道の駅や飲食店、公共施設などに置かせてもらい、インターネット上でもブログやフェイスブックで情報発信していく。任意団体が運営しているという珍しさからか、『毎日新聞』(2017年6月9日)や地元紙の『下野新聞』(2017年6月13日)にも取り上げられた。

この新聞の効果が大きく、掲載後すぐに問い合わせが数件あり、1年間の契約で入居者が決まった。お試し住宅の取り組みは始まったばかりで、今後の運用は未知数だが、秋山地区の活性化に少しでもつながればと思っている。

あきやま有機農村来塾に興味がわいてきた方は、ウェブサイトやブログを見ていただけると、大変ありがたい。

第8章
農で自立して生きていくための極意

子どもたちと妻の知子で一緒に野菜の定植

1 やる気とパートナーと資金

有機農家は超面白い。

有機農業で就農して17年、有機農家はお勧めの職業であり、生き方である。やりがいがあるし、命を育むし、一つひとつの仕事が奥深い。

すでに述べたように自分たちの栽培した農産物を日常的に食べられ、ありとあらゆる農産加工もできる。毎日体を動かし、いろいろな仕事をこなしていくことも面白い。しかも、今の農業はトラクターや管理機などの機械を使うので、昔の農業のように重労働ばかりの疲れる仕事ではない。もちろん重労働もあるけれど、体が慣れてしまえば、どうってことはない。

我が家には有機農業に興味のある人がたくさんやってくる。ところが、実際に就農する人はほんのわずかだ。おそらく5％ぐらいだろう。それは、生活していけるのか不安があるからだと思う。私自身、就農前は農業を生業とすることに多大なる不安を抱いていた一人だから、よく理解できる。

関塚農場ではなんとかやっていける程度の経営しかできていないが、何らかのきっかけで有機農業に興味をもったら、夢や希望で終わらせずに就農し、成功してほしい。そこで、これまでの知識や経験を踏まえて、就農希望者へのアドバイスをまとめよう。新規就農して成功するには次の３つがポイントである。

①やる気
②パートナー
③資金

まずは、やる気がなければ、うまくいかない。何が何でも有機農業を生業として生きていく、というくらいの気構えがほしい。うまくいくためには、あらゆる努力を惜しまない気持ちが必要である。強いモチベーションがあれば、一見、不可能に思えることでも何とかなるかもしれない。多少の困難があっても、ポジティブに受けとめて前に進んでいけるだろう。

何度も繰り返すが、有機農家は楽しく、やりがいのある職業であり、生き方である。しかし、誰もが食べていけるほど簡単ではない。苦難があってもめげない、強い気持ちが求められる。そのためには普通のモチベーションではダメだ。イギリスの政治家ウィンストン・チャーチルは言った。

「成功とは、意欲を失わずに失敗に次ぐ失敗を繰り返すことである」

七転び八起きという言葉もある。七回転んだって、八回起き上がればいい。モチベーションを持ち続けて、常に前に進もう。

パートナーがいるかいないかも重要だ。これまで、ひとりで有機農業を始めた人たちも見てきた。ひとりで始めると、栽培、販売、食事や洗濯などの家事を含めて、あらゆることをひとりでこなしていかなければならない。やることが多すぎて手が回らず、経営を軌道に乗せるのが難しい場合が多い。できるだけ夫婦や仲間と一緒に始めるほうがよい。

資金もある程度は必要だ。私たちは３００万円を貯めてから始めた。資金がなければ、最低限必要な道具や機械がそろえられない。仮に野菜栽培を選択すれば、軽トラックやトラクター、管理機、播種機などが必要になる。パイプハウスや納屋も必要だ。これらがそろえられなければ、開店準備が済んでいないレストランと同じだ。軌道に乗るまでの数年間の生活費も、用意しておかなければならない。

ＮＰＯ法人有機農業参入促進協議会(有参協)が作成した冊子「有機農業をはじめよう！研修生を受け入れるために」(２０１６年)には、こう書かれている。参考にしてほしい。

「全国新規就農相談センターが行った新規就農者へのアンケート結果(２０１１年)では、就農時に生活のために使った自己資金は平均２６５万円です。有参協では２００万円を就農資金の目安と考えています」

現在では、農業次世代人材投資事業という、国が新規就農者に対して年間１５０万円（研修時を含めて最大７年間）を給付する制度もあるが、自己資金があるにこしたことはない。

そのほか、農業を始める年齢も重要である。昔に比べて体を使わないとはいえ、体力を要する仕事であることに変わりはない。したがって、若いうちに始めたほうがよい。年齢が高くなればなるほど不利になるだろう。私は、その境目の年齢はだいたい40歳だと思っている。

40歳を超えての就農が無理というわけではないが、その場合は年齢による不利な面を補える何かがあったほうが心強い。たとえば、機械を多めにそろえて、体力面を補うという考え方もあるかもしれない。50代で就農して成功している人も知っているから一概には言えないけれど、40代以上の場合は何らかの工夫が必要だろう。

新規就農の成功とは、火をつけることに似ていると思う。火をつけるには準備と勢いが大切だ。まず、マッチや新聞紙、小枝、トングなどをそろえる。そして、マッチで着火したら、燃えやすいものから順に勢いよく燃やしていく。その際、道具がそろっていなければ火をつけることに失敗するし、勢いが足りないと火がつかずに、やり直しとなってしまう。やる気やパートナー、資金という事前の十分な準備が、勢いよく火をつけること、すなわち農業経営を軌道に乗せることにつながると確信する。

2 新規就農で成功するポイント

研修を受ける

成功の前提として、まずは研修を受けよう。作物の栽培自体は、それほど難しいことではない。研修を受けなくても、本を参考にしたり詳しい農家に聞いたりすれば、それなりにはできるだろう。

では、なぜ研修が必要なのか。それは、プロの農家としてどのように効率的に栽培し、販売を工夫し、経営していくのかが学習できるからだ。また、有機農家の暮らしを垣間見られるし、貯蔵の工夫や経理、農業機械整備などの勉強も可能かもしれない。

研修を受ける際は、自分の目指す営農スタイルと似た農家、就農地に近い農家や研修機関をお勧めする。とはいえ、自分がどんな農業をやりたいのか分からない場合も多いだろう。多いどころか、悩んでいない人などいないにちがいない。

自分の営農スタイルを決めるためには、いろいろな有機農場に足を運んで、作業をお手伝いしながら、話を聞くとよい。作業体験すれば、自分の好きなこと・嫌いなことがはっきりするはずだ。宿泊させていただければベスト。食事や休憩などのゆっくりと過ぎる時間に、大切なことを教えられるかもしれない。

見ず知らずの有機農場に連絡して訪問することは、勇気がいるだろう。しかし、得るものはきっと多い。私自身も就農前に、多くの有機農家を訪問させていただいた。たとえば、兵庫県和田山町(現朝来市)の山奥で父親と６人の子どもで自給自足していた「あ〜す農場」、福島県川俣町で自然農を実践していた「やまなみ農場」、徳島県で脱サラして有機農業を行っていた「援農塾」などだ。『もうひとつの日本地図』(80年代編集部編、野草社、１９８５年)という本を頼りにしたり、有機農業関連で知り合った友人に教えてもらったりして、行く場所を決めた。

そして、ほとんどの場合「来てよかった」と感じた。有機農家ごとに考え方や大切にしている点が違う。何を肝に据えて、自分が実践していけばいいのかヒントをもらえるような感じで、刺激的だった。農業技術をみがくことを重点にしている農家もあれば、お金を稼ぐことよりも暮らしや子育てを重視している農家もある。自分はどのような農業や暮らしを目指すべきか、とても考えさせられた。

現在は、インターネットを活用した情報収集も必要だろう。なるべく多くの情報を得て、自分の進みたい道・進むべき道を模索してほしい。野菜を栽培したいのか、稲作農家になりたいのか、畜産に興味があるのか。もちろん、有畜複合経営だって考えられる。

また、就農地の近くで研修することも重要である。農業は気候に左右される。就農地に近ければ近いほど、気候が似ている。気候が似ていれば、種播きや収穫時期も似ているはずだ。野菜の貯蔵の仕方も同じように真似すればよい。

研修期間については、1～2年間の長期研修をして、知識や技術をなるべく吸収することが成功に導く近道になると私は考えている。1年間で一通りの農作業が体験できるので、最低でも1年間は研修したほうがよい。2年間あれば、余裕をもって2年目の研修を行うことができ、まわりを見渡せるようになるだろう。年齢的に早く独立したほうがいい場合は1年でもいいかもしれないが、20代であれば2年間のほうがよいと私は思う。

関塚農場でも研修生を受け入れている。興味のある方は、ぜひ連絡をいただきたい。

経営を軌道に乗せてから好きなことを始めよう

新規就農したら、経営をいかに軌道に乗せられるかに集中してほしい。できれば、3年で軌道に乗せたい。5年や10年経過してもうまくいかないと、低空飛行のままズルズルいきかねない。それでは、いつか辞めざるを得なくなるだろう。

多くの新規就農者を見てきて、理想を掲げて、経営が軌道に乗らないうちからいろいろなものに手を出しすぎる場合が少なからずある。たとえば、野菜や米の栽培のほかに、農産加工や自家採種、ヤギの飼育、養蜂、油の自給に取り組むなどだ。

さまざまなきっかけから有機農業の世界に足を踏み入れて、あれこれと理想があるだろう。自家採種や暮らしの自給といった夢を抱いて、有機農業研修を受ける人も少なくない。自分自身も理想に燃えて有機農業を始めた一人だから、よく分かる。

実は私も自家採種や農産加工などに大いに興味があり、当初から多くのことに取り組んだ。振り返ってみれば、深く考えずに経営にはマイナスのことにも手を出していた。一歩間違うと、失敗していた可能性がある。

たとえば、自家採種を実際に行うと、想像以上に手間がかかる。自家採種によって付加価値を付けて販売するという戦略があれば別だが、そうでなければ経営が軌道に乗ってから始めたほうがいいと思う。また、自給用の大豆や小麦の栽培も、機械の入手や栽培の手間を考えると経営にはマイナスになる。余裕ができてから始めたほうがよいだろう。

自らの反省点も踏まえて助言すれば、新規就農者はまず栽培と販売に集中すべきである。栽培技術をみがき、見た目もよい美味しい野菜や米ができなければ、当たり前だが継続して買っていただけない。販売面に関しても、誰にどう売るのか工夫していく必要がある。当初は栽培と販売に力を入れて、経営を軌道に乗せることに専念しよう。

人生は短いようで長い。しかも、農家には定年がない。健康であれば、死ぬまでずっと働くことが可能だ。経営が安定してから、自分の理想に近づけていけばよい。あせらず、気長に待つことも大切である。いつか必ず実践するという気持ちを継続できれば、そのうちチャンスはやってくる。

家や農地の探し方と家畜飼育のハードル

実家の農業を継ぐのではない新規就農の場合は、家や農地の心配がある。家は購入するか、新規に建てるか、借りるかしなければならない。農地も借りるか買う必要がある。

第1章で述べたように、私たちは、「気合い」で就農地を探した。絶対にそこで就農したいという思いが周囲の人に伝わって、実現に至ったと考えている。家や農地を探す場合のポイントは、どれほど本気で農業しようとしているのかを的確に伝えることだ。

その際、農業委員会をはじめとする行政職員や、家や農地周辺の住民に自分の本気度を伝えられるかどうかが重要である。新規就農に少し興味がある人から真剣に考えている人まで、幅広い人たちが行政に相談に行っている。そのなかで、どれだけ真剣なのかを理解してもらえれば、行政職員の本気モードスイッチが入るはずだ。ただし、一度や二度の訪問では、きっとその真剣さは伝わらないだろう。

「こんな人は初めてだ」と思われるくらい、電話をしたり、会いに行ったり、手紙を書いたりと回数を重ねて、就農への熱い想いを伝えよう。自分を含めて、周囲の人たちがどれだけ本気になるかで、結果は大きく変わるにちがいない。

家畜の飼育については、難しい部分がある。一般に新規就農した土地で家畜を飼育しようとする場合、畜舎を建てることに地主さんが反対するケースをよく聞く。反対の理由は、臭いや鳴き声で不快な思いをするのではないかという不安が地域住民にあるからだろう。また、地主さんが返してほしいと思ったときに面倒だと考える場合もある。

平飼い養鶏に関しては、臭いはほとんど問題にならないと思うが、鶏は早朝から鳴くのでうるさいのは事実だ。ほこりも、それなりに発生する。この点は地主さんに理解していただくしかない。新規就農者が家畜を飼う際の最大のハードルは、技術や経験ではなく、畜舎を建てられるかどうかである。この認識は重要だ。家畜を飼いたい場合は、理解ある地主さんが地域にいるかどうかを事前に調べておく必要がある。

なお、家畜を飼うと、旅行などで家を離れることが困難になるとよく言われる。作物と違って、家畜の世話は人間の都合で休めないからだ。この点が嫌で家畜は飼いたくないという農業者も多いらしい。関塚農場では研修生を受け入れてからは、研修生と休みをずらして２泊３日の家族旅行には行けるようになった。参考にしていただければ、ありがたい。

❸ 現代ほど有機的な暮らしが実現できる時代はない

いつでもどこでも情報入手が可能

有機農業で生計を立てる。農産加工や自然エネルギーを取り入れる。家をハーフビルドする。こうした有機的な暮らしには、多くの知識や経験が必要になる。

新しいことを始める際には、情報収集が欠かせない。現代ほど簡単に情報を手に入れられる時代はないだろう。有機農業の栽培技術や考え方、農産加工の方法や食べ方、自然エネルギーの導入など、あらゆることについて本が存在するし、インターネットでも情報が入手できる。最近はパソコンがなくても、スマホを利用すれば、いつでもどこでも情報が入手できる。

しかも、フェイスブックやツイッター、LINEといったSNSの普及で、友人や知り合いとの連絡が容易になった。たとえば自然エネルギーに詳しい仲間がいれば、電話や手紙でなくてもメールやSNSで気軽に相談できるだろう。有機農業のようにまだ一般には広まっていない情報も入手しやすい。

こうした状況は、私が就農した２００２年には考えられなかった。現代ほど有機的な暮らしの実現が簡単な時代はない。最後に、私なりの情報入手と活用のコツを紹介したい。

私の情報入手法

少し調べるだけならインターネットがよい。たとえば小松菜に大発生した虫の名前を調べるときは、「小松菜　害虫」と検索すれば、きっと分かるだろう。画像検索もできる。さわりの情報を得るには、インターネットが便利だ。

しかし、正確な情報を得ようとするなら本を何冊か読むべきである。ほとんどの場合はその分野を熟知した著者が書いているから、信頼できる。本に書いてあることがすべて正しいとは限らないが、適切な情報が多い。

そのうえで、インターネットの活用をお勧めする。複数の本を読んでからインターネットを活用すれば、それなりに基礎知識がついているので、いい加減そうな情報を排除できる。インターネットには情報がありすぎるので、適切な情報と不適切な情報を自分で判断して取捨選択しなければならない。この作業ができないと、とんでもない情報を信じてしまい、間違うことになる。

私自身、本を土台にインターネットを補助的に活用するという方法で、家づくり、家具づくり、農産加工や自然エネルギー、もちろん有機農業にも役立ててきた。家具づくりでは、第3章で述べたように複数の本を読んで、つくり方や必要な道具といった基礎的情報を得たうえで、インターネットも利用した。

分からないことが分かるようになると、誰でも楽しくなるだろう。しかも、本を読み、インターネットで調べることによって、全く知らなかった知識が短時間で得られる。そして、得た情報をすぐに農業や暮らしに活用できる。これが、また楽しい。

どのようにして本を選ぶべきか、悩む人もいるだろう。私はアマゾンなどのインターネット書店でまずキーワード検索し、どんな本があるのか調べたり、大型書店に足を運んで立ち読みしたりして、適切な本を選んでいる。私が暮らす地域には大型書店はないので、用事で一年に何度か東京に行くついでに大型書店に立ち寄る。これが楽しみの一つでもある。

インターネットで情報収集する際のコツは、検索力を高めることだ。膨大な情報のなかから適切な情報を探すには、検索語の選び方が重要である。複数の関係する言葉で検索する(and検索という)とよい。たとえば、関東地方で有機農業の研修先を探すとしたら、「有機農業　研修　関東」で検索すると、適切な情報に近づくだろう。

もちろん、本やインターネットだけでなく、各分野の詳しい人に聞いたり、講演会に足を運んだりすることも大切だ。いつもアンテナを張っていると、意外な発見がある。テレビや新聞、本などを見たり読んだりするとき、新しい情報を探そうと意識していれば、きっと見つかるだろう。

最近は情報収集能力を高めるために、英語の勉強を始めた。英語の本や動画を理解できれば、天ぷらカーやビールづくり、パソコンの修理などの情報量が一気に広がる。世界の４人に１人は英語を使うらしい。多くの情報が英語ベースで存在している。

英語の勉強を始めて、農家ほど英語の勉強に適した環境はないかもしれないと感じた。農業には単純作業が多い。そのときは英単語や慣用表現を覚える。会社員が事務仕事の合間に同じことをしたら、上司に怒られるにちがいない。

しかも、スマホの登場で、いつでもどこでもリスニングできる。私がオーストラリアに行った１９９７年は携帯音楽プレーヤーが大きかったので、それは事実上不可能だった。この点に関しては隔世の感がある。当時を考えると夢のようだ。

さらに、日本には優れた英語教材が多い。本も音声教材も素晴らしい。私の現在の英語力は動画を理解するレベルにはまだまだ達していないが、いつの日か世界中の英語の本や動画を不自由なく活用してみたい。

本を利用して得意な分野をたくさんつくろう

新規就農する場合、できるだけ多くのことに得意になったほうが成功しやすい。栽培や販売だけでなく、営業や人との付き合い方まで、得意になったほうがいい分野は多岐にわたる。

販売に関しては、ホームページを作成したり、ワードやエクセル、パワーポイントを使いこなしたり、パソコンが得意なほうが得をすることが多い。私は決して得意ではなかったが、今は少しだけ得意になった。誰かに教わったわけではなく、本のおかげである。

パソコンのOS（パソコンを動かすための基本となるソフトウェア）の解説本から、ワードやエクセル、パワーポイントの使い方に至るまで、初心者用の解説本は無数にある。仮にパソコンが得意でなかったとしても、それらを読めば比較的簡単に使いこなすようになれるだろう。本で勉強すれば、基礎から簡単に学ぶことができる。

パソコンに得意な人が近くにいたとしても、中途半端な知識しかもっていないかもしれない。あるいは知識が豊富でも、教え方が上手とは限らない。一方、本の場合はパソコンのプロが丁寧に、しかも他の本と競い合って書いているので、多くは非常に分かりやすい。お金を払ってでも、本の利用が上達の近道である。

パソコンに限らず、ありとあらゆる分野にハウツー本が存在する。それらを利用して、得意な分野を複数つくることをお勧めしたい。たとえば、野菜栽培、水稲技術、農業機械、チラシ作成、値段の付け方、マーケティング、デザイン、コミュニケーションなどに関する本は、新規就農者に役立つ。

また、知らない分野をある程度のレベルまで理解するのは、それほど難しくはない。学校の勉強で、偏差値60を70に上げるのはかなり大変だが、40を60に上げるのはそれほど難しくはないのと同じだ。

本の著者は、どんな書き方をしたら分かりやすいかと頭をひねって書いている。臆することなく、本をどんどん活用しよう。知らない分野を勉強するのは楽しいにちがいない。

農業でもメモが重要

メモを取るようになって、人生が変わった。

昔はメモを取らなかったが、就農して数年後、きっかけは忘れたけれどメモを取るようになった。メモを取っていなかったとしたら、54ページで紹介した「やることリスト」が活かせず、やらなければいけないことがなかなか進まなかっただろう。

また、浮かんだアイデアをメモしなければ、すぐに忘れてしまうので、活かすのが難しいだろう。メモを取るようになったからこそ、同時進行でいくつもの課題をこなせるようになった。メモによって、アイデアがアイデアを生む場合もある。こうして、できることの可能性が

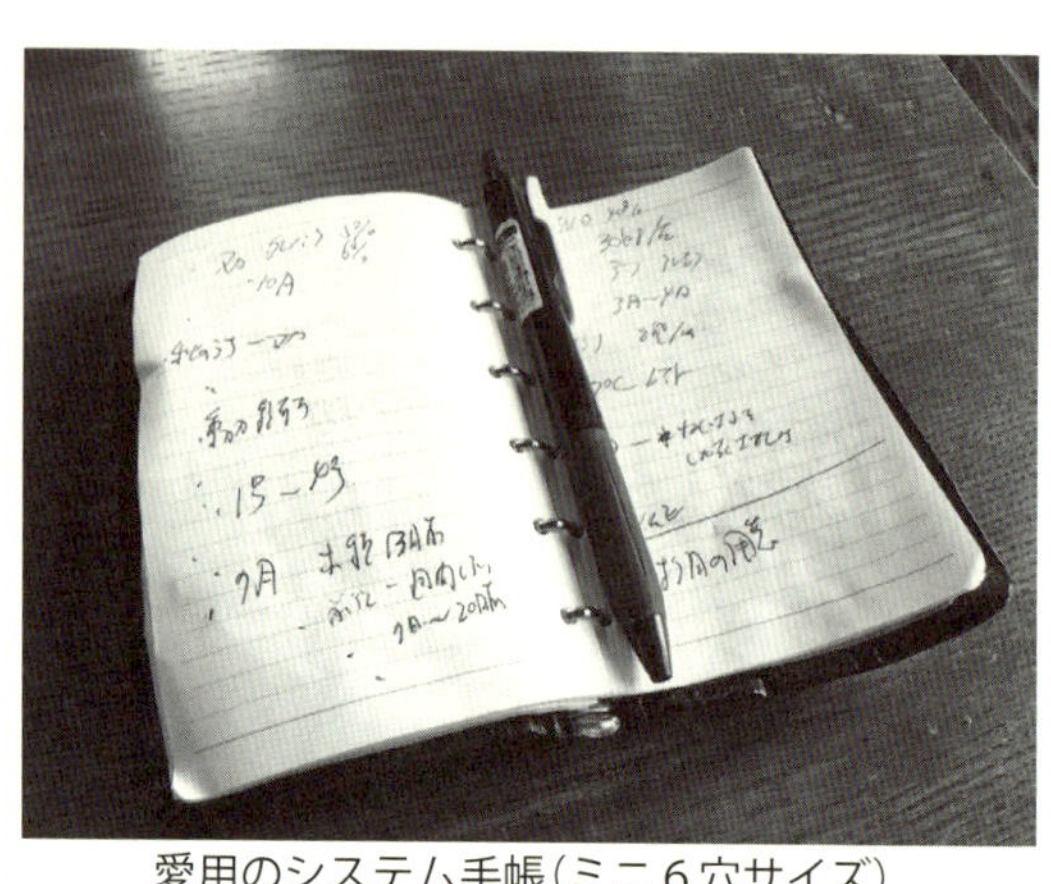

愛用のシステム手帳（ミニ６穴サイズ）
ズボンのポケットにいつも入れている

大きく広がった。人生が変わったといっても大げさではない。

人間の短期記憶は非常に弱いらしい。すぐに忘れる。アイデアを思いついたり新たな知識を得たりしたときはテンションが高く、決して忘れないと思っても、平気で忘れてしまう。だからこそ、私たちにはメモが必要である。そして、メモ魔になろう。

何をメモするかというと、まず「やることリスト」。そして、アイデアや心配になったこと、時間があるときに調べたいことなど、何でもよい。たとえば、農産物の販売方法やイベントのアイデア、ブログに掲載すべき記事などだ。メモしたことは、後で見返して、夜や早朝などの余裕がある時間に一つずつ処理していく。

メモをとるうえで最も大切なのは、すぐにメモできる態勢を整えておくことだ。手帳とペン、スマホをいつも持ち歩いている。

私はシステム手帳（ミニ６穴サイズ）を活用している。システム手帳のメリットは、不要になったメモ用紙（リフィル）は簡単に廃棄処分できるし、メモ用紙が足りなくなれば簡単に補充できることだ。また、このサイズならズボンのポケットに入れられる。

私はこのシステム手帳をポケットに入れたいがために、笑われてしまいそうだけれど、いつでもカーゴパンツを履くようになった。仕事でもプライベートでも、カーゴポケットに手帳を入れている。カーゴポケットなら椅子に座るときも違和感がない。

また、カーゴパンツのベルトループに小物入れを付けて、ボールペンと蛍光ペン、スマホを入れている。だから、いつでもどこでも（風呂に入っているとき以外は）、さっと取り出せる。

こうして、すぐにメモできるようになった。繰り返すが、このような態勢を整えることが重要である。そして、ボールペンでもスマホでも、メモを取る。アナログでもデジタルでも、どちらでもいい。メモを取ることが大切だ。余談だが、システム手帳には付箋を入れている。本を読んでいて、必要なときはいつでも付けられる。快適である。

また、Evernote（エバーノート）というメモアプリを活用するようになって、とても便利になった。同時進行で多くの課題に取り組むことが多いので、インターネットで得た情報、参考になったＵＲＬ（ホームページアドレス）、ちょっとしたメモ、人から聞いたことなどを、課題ごとにメモしておく。すると、いつでもどこでも課題をEvernote内でキーワード検索すれば、そのメモにたどり着く。これは、一瞬にして調べていたときの自分にタイムスリップできることを意味する。凄いことだ。

メモアプリがなかったときは、何をどう情報収集したのか忘れてしまい、一からやり直して情報を集める場合が多かった。今はこのメモアプリのおかげで、情報収集を続きから始められるので、時間をロスしなくてすむ。

メモを取ることで、できることの可能性が大きく広がる。農業だけでなく、地域おこし、獣害対策、子どものことなど多くの課題に取り組みながら一歩一歩進んでいくのに、非常に便利だ。ぜひ、メモを上手に活用してほしい。

こうした情報の入手法と活用法も参考にして、有機農業で就農し、なおかつ成功してほしい。そして、いつの日か有機農業が日本を席巻する日を私は見たい。

本書の最後に改めて書こう。

有機農業は最高の仕事だ。そう断言できる。

あとがき

２００２年に新規就農して以来、有機農業や農産加工はもちろんのこと、家づくりや自然エネルギー、健康法、獣害対策、地域おこしなどに取り組んできた。本書で紹介したこれらの内容をとおして、有機農業的な価値観で生きる楽しさを読者の皆さんに感じ取っていただけたら、このうえない喜びである。

こうした考え方は、いずれもすでに存在していた。私はそれらを探し、理解して、実践してきたにすぎない。「幸福を生む住まい」や操体を筆頭に、素晴らしいにもかかわらず、世の中に広く知られていない実践や発想が多い。有名か無名かにかかわらず、私は自分が素晴らしいと思ったものを行ってきた。振り返ってみると、有機農業に出会ってからの人生はこうした実践の連続だったように思う。

農業をするときも、健康を考えるときも、家をつくるときも、最善の方法を探し求め、実践することは、私にとって常に楽しみだった。楽しくて仕方がなかった。今も、それは変わらない。

一人ひとり、それぞれの価値観に基づく生き方と暮らしがある。本書の情報入手法も参考にしていただき、皆さんにとっての素晴らしい仕組みや考え方を見つけ、実践し、幸せで豊かな人生に役立ててほしい。

ところで、大ベストセラーとなった『嫌われる勇気——自己啓発の源流「アドラー」の教え』(岸見一郎・古賀史健、ダイヤモンド社、２０１３年)のおかげで、私はアドラー心理学の素晴らしさを知った。この本がきっかけとなり、アドラー心理学に興味をもち、関連書を何冊か読んだ。対人関係のあるべき姿がまさにアドラー心理学にある、と私は思う。

ここで詳しくは紹介できないが、アドラー心理学ではたとえば、縦の人間関係は精神的な健康を損なう最も大きな要因であると考え、横の人間関係を築くことを提唱する(岸見一郎『アドラー心理学入門』ベストセラーズ、１９９９年)。年齢や性別、経済的側面などによる上下の縦の人間関係ではなく、「同じではないけれど対等」な横の人間関係を勧めているのである。対人関係が基本的に横関係になれば、自分がことさら優れていると誇示する必要がなくなり、人生が大きく変わるだろう。

そして、アドラー心理学の思想は有機農業的な価値観と似ていると、私は考える。たとえば、アドラー心理学では、対人関係のゴールは「共同体感覚」であると述べる。その「共同体」とは、「家庭や学校、職場、地域社会だけでなく、たとえば国家や人類などを包括したすべてであり、時間軸においては過去から未来までも含まれるし、さらには動植物や無生物までも含まれる」概念である。共同体を仲間とみなし、そこに「自分の居場所がある」と感じられることが、対人関係の目標となるという。

一方、プロローグで私は、「有機農業的な価値観は、動植物、光や風、土といった自然を受容するものである」と書いた。この有機農業的な価値観とアドラー心理学の思想はそっくりだ。まわりの多くのものを味方とみなし、それらすべてが生きていていいと思える思想と表現できる。

ただし、私はまだアドラー心理学を理解することに精一杯で、実践まではできていない。理解と実践は別だ。実践のほうがはるかに難しい。アドラー心理学の実践によって、有機農業的な価値観による生き方が次のステージに移る気がしている。一つ上の最終ステージに立てるのではないか、と。

『嫌われる勇気』などの著者・岸見一郎氏は、次のように指摘している。

「人間が誰しも持っているはずの、他者を仲間だと見なす意識、つまり共同体感覚を育てていけば、争いを防ぐことはできる。そしてわれわれには、それを成し遂げるだけの力があるのだ。……アドラーは、人間を信じたのです」(岸見一郎・古賀史健『幸せになる勇気――自己啓発の源流「アドラー」の教え』ダイヤモンド社、２０１６年、２１４ページ)

そう、アドラー心理学の創始者アドラーは、人間をとことん信じたのである。

人間の負の側面にどうしても目が行ってしまうが、私もアドラーのように人間を心の底から信じられる人間に成長したい。邪魔なものを排除し、敵視する思想に基づく社会ではなく、有機農業的な価値観やアドラー心理学のような考え方、つまり、まわりの多くのものを仲間とみなし、多くの人やものの居場所がある社会を理想としたい。そのために、まずは自分ができることを実践していこう。

本書の出版の機会を与えてくださったのはコモンズの大江正章さんだった。2017年2月に話をいただき、「1年かけて書けばいい」と背中を押されたけれど、1年では全く終わらなかった。ただ、本書を執筆する過程で、自分がやってきたことを俯瞰的に見直すことができた。ありがたい機会を与えていただいたと御礼申し上げたい。

原稿を書き続けている間、仕事やプライベートでも家族には支えてもらった。妻の知子や三人の子どもたち、そして両親にも感謝して、筆をおきたい。

有機農業に出会えてよかった。

有機農家になったことは人生最高の選択だった。

2019年1月

関塚　学

【著者紹介】

関塚　学（せきづか・まなぶ）

1973年、埼玉県生まれ。大学卒業後サラリーマンになるが、1年で辞めてワーキングホリデーでオーストラリアへ。帰国後、有機農業を志し、研修を経て、2002年に栃木県佐野市秋山地区に新規就農。現在の経営規模は田108a、畑104a、平飼い養鶏300羽。野菜は年間60種類を栽培。日本有機農業研究会理事、あきやま有機農村未来塾事務局長。

〈有機農業選書8〉

有機農業という最高の仕事

二〇一九年二月二五日　初版発行

著者　関塚　学

発行者　大江正章

発行所　コモンズ

東京都新宿区西早稲田二-一六-一五-五〇三

TEL（〇三）六二六五-九六一七

FAX（〇三）六二六五-九六一八

振替　〇〇一一〇-五-四〇〇一二〇

info@commonsonline.co.jp

http://www.commonsonline.co.jp/

印刷・東京創文社／製本・東京美術紙工

乱丁・落丁はお取り替えいたします。

ISBN 978-4-86187-157-3 C 0036

＊好評の既刊書